Verhaltenstherapie beim Hund

Widmung

Für Dr. No, Albus und Sparrow,
die mich stets daran erinnern,
dass Kommunikation kreisförmig ist.

Und für meinen Mann John, der mir gezeigt hat,
dass die Grundlage jeder Entwicklung
eine vertrauensvolle Beziehung ist.

ROBERT MEHL

Verhaltenstherapie beim Hund

GRUNDLAGEN, DIAGNOSTIK UND THERAPIE BEI ÄNGSTEN, AGGRESSIONEN UND PSYCHISCHEN STÖRUNGEN

KOSMOS

Mehr entdecken, mehr verstehen

DAS KOSMOS VERSPRECHEN

Expertenwissen seit 1822

Welches Thema dich auch begeistert – auf unsere Expertise kannst du dich verlassen. Und das schon seit über 200 Jahren.

Unser Anspruch ist es, dich mit wertvollem Rat zu begleiten, dich zu inspirieren und deinen Horizont zu erweitern.

BEGEISTERUNG DURCH KOMPETENZ

Unsere Autorinnen und Autoren vereinen professionelles Know-how mit großer Leidenschaft für ihre Themen.

WISSEN, DAS DICH WEITERBRINGT

Leicht verständlich, lebensnah und informativ für dich auf den Punkt gebracht.

SACHVERSTAND, DEN MAN SEHEN KANN

Mit aussagestarken Fotos, Zeichnungen und Grafiken werden Inhalte besonders anschaulich aufbereitet.

QUALITÄT FÜR HEUTE UND MORGEN

Dafür sorgen langlebige Verarbeitung und ressourcenschonende Produktion.

Du hast noch Fragen oder Anregungen?
Dann schreibe uns: kosmos.de/servicecenter

INHALT

Arbeitsblätter zum kostenlosen Download

Unter http://kosmos.de/arbeitsblaetter-vehaltens-therapie kann man sich die Arbeitsblätter als pdf zum persönlichen Gebrauch kostenlos herunterladen und ausdrucken.

KAPITEL 1

THERAPIEVORBEREITUNG

DER ERSTKONTAKT

Neben E-Mails und Social-Media-Nachrichten entstehen Erstkontakte zwischen Hundehalter:innen und Hundetrainer:innen häufig über Telefonate. Das Telefonat bietet den Vorteil, dass man Informationen schnell austauschen und ein Gefühl für das Gegenüber entwickeln kann.

Die Ziele des Erstkontaktes unterscheiden sich auf beiden Seiten. Während beide bestrebt sind, einander abzuschätzen und herauszufinden, ob die Chemie stimmt und man sich eine Zusammenarbeit prinzipiell vorstellen kann, versuchen die Hundehalter:innen vor allem, Informationen über die fachliche Kompetenz, die Methodik (z. B. Verwendung von Leckerli und anderen Belohnungen, Art der negativen Rückmeldungen und Begrenzungen) und den Erziehungsstil (z. B. autoritär, laissez faire) ihres Gegenübers zu bekommen und die Rahmenbedingungen abzuklären (z. B. Kosten, Terminsuche, mögliche Wartezeit bis zum Beginn der Zusammenarbeit, voraussichtliche Dauer einer möglichen Zusammenarbeit, Einzelstunden oder Gruppe). Es ist außerdem sehr menschlich, dass vor dem Hintergrund des Leidensdrucks der Wunsch besteht, verstanden zu werden und vom Gegenüber Hoffnung vermittelt zu bekommen, dass das Problem in absehbarer Zeit lösbar ist. Dies führt regelmäßig dazu, dass die Hundehalter:innen versuchen, alle aus ihrer Sicht relevanten Informationen gleich im ersten Telefonat loszuwerden und sich in der Beschreibung der Problematik verlieren. Viele hoffen darüber hinaus, erste Hinweise zum Umgang mit den Problemen ihres Hundes zu bekommen, manche wünschen sich vielleicht sogar, schon jetzt am Telefon einen möglichen Lösungsweg vorgezeichnet zu bekommen.

Währenddessen versuchen die Hundetrainer:innen, sich ein grobes erstes Bild von der Problematik zu machen und herauszufinden, was genau die anrufende Person von einer Zusammenarbeit erwartet. Gleichzeitig müssen sie den Informationsstrom begrenzen, damit der telefonische Erstkontakt nicht gleich zu einer kostenlosen Beratungsstunde wird. Da Hundetrainer:innen die Probleme von Hunden oft aus einer anderen Perspektive als Halter:innen betrachten, versuchen sie verständlicherweise, das Gespräch zu lenken und aus ihrer Sicht wichtige Fragen zu stellen, um einzuordnen, ob sie die geeigneten Ansprechpartner:innen sind und den Fall übernehmen möchten. Zudem versuchen sie oft, den aktuellen Erziehungsstil und die Motivation der Halter:innen zu notwendigen Veränderungen und zur Mitarbeit abzuschätzen. Einen Lösungsweg kann man dagegen aus fachlicher Sicht äußerst selten schon nach einem kurzen Telefonat skizzieren, wogegen man natürlich oft ein gewisses Maß an realistischer Hoffnung vermitteln kann.

Schon hier kann es das erste Mal gewaltig knirschen in der Mensch-Mensch-Beziehung. In der Humanpsychotherapie hat sich daher die Arbeit mit Checklisten und Erstauskunftsbögen bewährt.

Eine Checkliste (s. Checkliste für den Erstkontakt) kann helfen, wichtige Punkte schon im Telefonat anzusprechen, unabhängig davon, welche Ablenkungen sich im Gespräch ergeben. Ein Erstauskunftsbogen (s. AB 1: Auskunftsbogen für das Erstgespräch) kann nach dem Telefonat per E-Mail zugeschickt werden und dort haben die Halter:innen Gelegenheit, zur Vorbereitung auf das vereinbarte Erstgespräch auf strukturierte Weise relevante Informationen zusammenzutragen. Wichtig ist es, im Telefonat zu vereinbaren, bis wann der Auskunftsbogen zurückgeschickt werden soll. Vereinbarungen zum Datenschutz können gegebenenfalls gleich per E-Mail mitgeschickt werden.

Fragen im Erstkontakt

Beim telefonischen Erstkontakt können u. a. folgende Punkte jeweils kurz angesprochen und die Informationen in einer Checkliste übersichtlich festgehalten werden, damit sie bis zur ersten Stunde nicht verloren gehen:

- **Warum sucht der oder die Anrufer:in Unterstützung? Um welches Problem geht es?**
  Dabei kommen neben den Problemen oft auch mehr oder weniger realistische Erwartungen zur Sprache, z. B. zum erwarteten Trainings- oder Behandlungsansatz, erwartetem Zeitaufwand, Bereitschaft zur eigenen Beteiligung der Halter:innen an der Lösung des Problems etc.
- **Gab es schon Trainings- oder Behandlungsversuche?**
  Die Details können im Erstauskunftsbogen von dem oder der Anrufer:in nochmals schriftlich in chronologischer Reihenfolge festgehalten werden, sodass man beim Telefonat nicht mitschreiben muss; dort können dann auch Unterlagen von eventuellen tierärztlichen Befunden beigefügt werden.
- **Weshalb hat sich der oder die Anrufer:in gerade jetzt entschlossen, Unterstützung zu suchen? Weshalb bei mir?**

Oft bestehen Probleme im Zusammenleben von Hund und Halter:in schon seit längerer Zeit in mehr oder weniger konstanter Form. Die Frage hilft zu verstehen, was sich verändert hat, sodass nun ein (weiterer) Lösungsversuch unternommen wird. Gab es eine Verschlechterung? Haben sich Lebensumstände verändert, wodurch das Problem nicht länger hinnehmbar ist oder wodurch es nun lösbarer erscheint? Wenn es Vorbehandlungen gab, weshalb sucht der oder die Anrufer:in nicht erneut dort Hilfe?

- **Welche fachliche Erfahrung habe ich mit diesem Problem?**
  Halter:innen sind oft dankbar für eine kurze Auskunft, ob man bereits Erfahrung mit der Problematik hat.
- **Kommen eine Verhaltenstherapie sowie der dafür notwendige diagnostische Aufwand im Vorfeld der Therapie für den oder die Anrufer:in überhaupt infrage? Wird eine Therapie gezielt angestrebt?**
  Nicht alle Halter:innen können einschätzen, ob das Problem ihres Hundes durch Hundetraining gelöst werden kann oder ob dahinter psychische Probleme stecken, die eine Verhaltenstherapie erfordern. Manche Menschen sind sehr überrascht, wenn die Möglichkeit einer Verhaltenstherapie zur Sprache kommt. Darauf gehen wir genauer im Kapitel zur Psychoedukation ein (Kapitel 3). Da psychische Erkrankungen und Psychotherapie noch immer stigmatisiert sind, kann das Thema leicht als Kränkung oder Abwertung des Hundes verstanden werden, insbesondere, wenn die Beziehung noch nicht sehr belastbar ist. Unter solchen Umständen kann man das Thema Verhaltenstherapie auch erst nach dem persönlichen Erstgespräch aufgreifen, wenn mehr Zeit war, um sich kennenzulernen und Vorbehalte und Missverständnisse zu besprechen. Auf der anderen Seite kann es sein, dass der oder die Anrufer:in gezielt nach einer verhaltenstherapeutischen Lösung für die Probleme des Hundes sucht, entweder weil sie entspre-

chend überwiesen wurden oder sich selbst informiert haben. Möglicherweise lässt sich nach dem ersten telefonischen Kontakt jedoch noch gar nicht einschätzen, ob das Problem eher mit Hundetraining oder verhaltenstherapeutisch angegangen werden muss. Auch in so einem Fall kann man die Entscheidung für eine Methode bis nach dem Erstgespräch oder möglicherweise sogar bis nach der Diagnostik aufschieben.

- **Informationen zu Rahmenbedingungen**
  Selbstverständlich gehören zum Abschluss des telefonischen Erstkontaktes auch Informationen über den groben Ablauf der ersten Stunde, ob der Hund dabei sein soll, ob bereits mit dem Hund gearbeitet werden wird oder es sich erst mal nur um ein Gespräch handelt, voraussichtliche Dauer, Kosten, Terminsuche etc. Auch sollte kurz besprochen werden, ob Kontakt über andere Kanäle als telefonisch und per E-Mail von beiden Seiten erwünscht ist und zu welchen Zeiten und Konditionen dies möglich ist („Bürozeiten“).

Checkliste für den Erstkontakt

Warum sucht der oder die Halter:in Unterstützung? Um welches Problem geht es?	
Gab es schon Trainings- oder Behandlungsversuche?	
Weshalb hat sich der oder die Halter:in gerade jetzt entschlossen, Unterstützung zu suchen? Weshalb bei mir?	
Welche fachliche Erfahrung habe ich mit diesem Problem?	
Kommen eine Verhaltenstherapie sowie der dafür notwendige diagnostische Aufwand im Vorfeld der Therapie für den oder die Halter:in überhaupt infrage? Wird eine Therapie gezielt angestrebt?	
○ Nur Hundetraining gewünscht ○ Therapie ggf. denkbar ○ Therapie gewünscht ○ Meine Einschätzung:	
Informationen zu Rahmenbedingungen	
Grober Ablauf der ersten Stunde	○ Mit Hund ○ Ohne Hund ○ Mit dem Hund wird ebenfalls gearbeitet bzw. Verhaltensbeobachtung ○ Nur Gespräch, keine Arbeit mit dem Hund Ablauf:
Dauer Erstgespräch	Voraussichtlich:

Kosten	
Termin	
Kommunikation	○ WhatsApp ○ E-Mail ○ Telefon ○ Sonstiges: E-Mail-Adresse: Handynummer:

Arbeitsblatt 1: Auskunftsbogen für das Erstgespräch

Datum: ____________________

Kontaktdaten

Vorname, Name:

Anschrift:

E-Mail-Adresse:

Telefon / mobil:

Angaben zum Hund

Name:

Alter:

Rasse / vermutete Rassen bei Mischlingen:

____

Geschlecht: ☐ Rüde ☐ Hündin

kastriert: ☐ Nein ☐ Ja (wann, weshalb):

____

Herkunft:

....

Alter des Hundes, als Sie ihn zu sich genommen haben ______________

Weshalb haben Sie sich für diesen Hund entschieden?

....

....

....

Soziales Umfeld

Wer wohnt mit dem Hund zusammen in einem Haushalt? (Z. B. Partner:in, Kinder, weitere Personen; bitte geben Sie jeweils auch das Alter sowie Ausbildung / Beruf an.)

....

....

....

Welche weiteren Haustiere leben in Ihrem Haushalt? (Bitte geben Sie auch das Alter und bei Hunden ggf. den Kastrationsstatus an.)

....

....

Wer kümmert sich neben den Mitgliedern Ihres Haushaltes noch (gelegentlich) um den Hund, wo verbringt er viel Zeit? (Dogwalking, Hundetagesstätte, Familienmitglieder außerhalb Ihres Haushaltes, Kolleg:innen, Hundepension etc.; bitte geben Sie auch an, wie viel Zeit pro Tag bzw. pro Woche der Hund jeweils mit diesen Menschen verbringt.)

....

....

....

Problematik

Bitte schildern Sie in Stichpunkten die Probleme, die Sie veranlasst haben, sich Unterstützung zu suchen:

....

....

....

....

....

....

Seit wann bestehen diese Probleme? Wie äußerten sich diese Probleme erstmals?

....

....

....

Welche Trainings- bzw. Behandlungsversuche wurden schon unternommen? (Schildern Sie hier bitte auch, welche Auswirkungen diese auf die Probleme hatten; auch tierärztliche Behandlungsversuche, z. B. Untersuchungen oder Medikamente können Sie hier festhalten.)

....

....

....

....

....

....

Gab es Zeiten, in denen einzelne oder alle geschilderten Probleme weniger stark ausgeprägt waren? Was war in diesen Zeiten anders?

....

....

Welche Lebensbereiche sind im Alltag Ihres Hundes durch die Probleme besonders beeinträchtigt?

☐ Familienleben ☐ Soziale Kontakte
☐ Freizeit ☐ Ausbildung/Erziehung

Wie stark haben Sie die Probleme Ihres Hundes in den letzten Wochen belastet?

☐ Sehr stark ☐ Mittelmäßig ☐ Gar nicht

Wie stark zeigte sich Ihr Hund in den letzten Wochen durch die Probleme belastet?

☐ Sehr stark ☐ Mittelmäßig ☐ Gar nicht

Wer in Ihrem Haushalt leidet – neben dem Hund – am stärksten unter den Problemen und weshalb?

....

....

....

Tierärztliche Vorgeschichte

Wann wurde Ihr Hund zuletzt tierärztlich untersucht? (Anlass der Vorstellung beim Tierarzt, z. B. Impfung; wurden die Probleme dort angesprochen; gab es einen Befund oder Empfehlungen in Bezug auf die Probleme?)

....

....

....

Hat Ihr Hund gesundheitliche Einschränkungen oder Vorerkrankungen? (Seit wann bestehen diese; Diagnosen, Behandlungen, Medikamente.)

....

....

....

Anmerkungen oder Fragen, die Sie im Erstgespräch klären möchten:

....

....

DAS ERSTGESPRÄCH

Das Erstgespräch dient nicht nur dem Informationsaustausch, sondern auch dem respekt- und verständnisvollen Beziehungsaufbau zu Mensch und Hund sowie der Vermittlung von realistischer Hoffnung.

Die Psychotherapieforschung belegt, dass es vor allem zwei Faktoren sind, die sich positiv auf den Erfolg einer Therapie auswirken: die Beziehung zwischen Therapeut:in und Patient:in und die Erfolgserwartung der Patient:innen[1].

---

1 › Neudeck, P. 6 Mühlig, S. (2020). Therapie-Tools Verhaltenstherapie: Therapieplanung, Probatorik, Verhaltensanalyse. (2. aktualisierte Aufl.). Beltz.

Beziehung

Es ist wichtig, sich klarzumachen, dass die Hilfesuchenden im Begriff sind, einer fremden Person Einblicke in eine sehr intime und an diesem Punkt vermutlich von widersprüchlichen Gefühlen geprägte Beziehung zwischen ihnen und ihrem Sozialpartner Hund zu gewähren. Wenn jemand bereit ist, Zeit und Geld in ein Erstgespräch zu investieren, dann können wir davon ausgehen, dass ein Mindestmaß an Interesse an dem Wohlergehen des Hundes vorliegt. Die meisten Halter:innen werden ihren Hund sogar lieben und eine enge Bindung spüren. Daneben können die Symptome des Hundes wie Ängste, aggressives Verhalten, Stimmungsschwankungen, stereotype Verhaltensweisen, Suchtverhalten, Unruhe oder ständige Impulsdurchbrüche bei Halter:innen Angst, Wut, Hilflosigkeit und Ohnmachtsgefühle hervorrufen, die möglicherweise im Gespräch zunächst am deutlichsten hervortreten. Obwohl die Halter:innen über den Hund und dessen Probleme sprechen, wird in ihren Beschreibungen – mindestens nonverbal – auch ihre eigene komplexe Gefühlswelt diesen Problemen gegenüber deutlich. Daneben können Scham- und Schuldgefühle es den Halter:innen schwer machen, sich einer fremden Person gegenüber vollständig zu öffnen und von Anfang an alle relevanten Informationen weiterzugeben. Manche schämen sich, weil sie Hilfe in Anspruch nehmen müssen. Manche haben erlebt, dass sie nicht verstanden wurden, oder fürchten, mit dem Leid nicht ernst genommen zu werden, dass sie durch die Probleme ihres Hundes erleben. Manchen hat man auf abwertende Weise die Schuld an den Problemen des Hundes gegeben. Manche meinen, selbst schuld an den Problemen des Hundes zu sein und werten sich selbst ab. Daneben ist aus Sicht der Hilfesuchenden oft auch noch unklar, ob sie mit den Problemen des Hundes überhaupt an der richtigen Stelle gelandet sind, sodass sie sich zunächst zurückhaltend und vielleicht sogar etwas misstrauisch in der Interaktion verhalten.

Es bedarf also einer respektvollen und annehmenden Haltung der Person und den Gefühlen der Hilfesuchenden gegenüber. Diese muss gar nicht verbal ausgedrückt werden, sondern äußert sich vor allem nonverbal in der Interaktion, in der Art, wie wir zuhören. Wenn es uns gelingt, eine nicht-wertende Haltung einzunehmen, mindert dies die Scham- und Schuldgefühle der Erzählenden und ermöglicht eine zunehmende Öffnung und vertrauensvolle Zusammenarbeit.

Steve de Shazer hat als Entwickler der Lösungsorientierten Kurzzeittherapie drei Typen von Klienten in der Therapie beschrieben: Besucher:innen, Klagende und Kund:innen.

BESUCHER:INNEN kommen i. d. R. nicht aus eigenem Antrieb. Ihre Motivation zur Veränderung ist gering. Es können Menschen sein, die von anderen auf die Probleme ihres Hundes hingewiesen und ins Hundetraining geschickt oder als Begleitperson mitgebracht wurden. Sie können keine Ziele formulieren und erleben durch das Verhalten und Erleben ihres Hundes eigentlich keine negativen Gefühle. Probleme damit haben höchstens die anderen. Ein Leidensdruck besteht zunächst nicht. Es kann sehr herausfordernd sein, mit Besucher:innen zu arbeiten, insbesondere wenn der Leidensdruck des Hundes ebenso offensichtlich ist, wie die Weigerung der Besucher:in ein Problem zu sehen. Da eine therapeutische Veränderung ohne die Mitarbeit der Halter:innen nur schwer möglich ist, kann man versuchen, z. B. mithilfe der Motivierenden Gesprächsführung nach Miller und Rollnick[2] aus den Besucher:innen Kund:innen zu machen, indem man ihre latent schlummernde Motivation zur Veränderung weckt. Etwas muss sie ja bewogen haben, sich auf den Weg zu machen und den ersten Termin wahrzunehmen. Hier kann man manchmal ansetzen.

---

2 › Miller, W. R. und Rollnick, S. (2015). Motivierende Gesprächsführung. Motivational Interviewing: 3. Auflage des Standardwerks in Deutsch. Lambertus-Verlag.

KLAGENDE haben die Erwartung, dass andere ihre Probleme bzw. die ihres Hundes lösen. Sie selbst sehen sich nicht in der Lage, etwas an der aktuellen Situation zu verändern. Oft ist die Selbstwirksamkeitserwartung dieser Menschen bezüglich der Probleme des Hundes sehr gering, d. h., sie trauen sich nicht zu, dem Hund in irgendeiner Weise helfen zu können. Manche von ihnen haben viele Lösungsstrategien ausprobiert und sind immer wieder gescheitert, sodass sie das Vertrauen in ihre Kompetenz verloren haben. Manche haben schon früh in ihrem Leben erlebt, dass sie wenig an unangenehmen Umständen und sozialen Konflikten ändern konnten, sind daher angesichts von Problemen oft in einem Zustand erlernter Hilflosigkeit und stützen sich zur Lösung ihrer Probleme auf andere. Im Unterschied zu Besucher:innen nehmen Klagende das Problem deutlich wahr und haben eventuell sogar klare Vorstellungen und Ziele. Ein wichtiger Aspekt im Umgang mit Klagenden ist daher die Stärkung der Selbstwirksamkeitserwartung und des Selbstvertrauens im Umgang mit den Problemen des Hundes. Dazu ist es wichtig, ihnen nicht alles abzunehmen, sondern sie mehr und mehr selbst tun zu lassen. In der Interaktion ist es besonders wichtig, sich nicht in die Expert:innenrolle drängen zu lassen, so schmeichelhaft diese auch angeboten werden mag, sondern strikt auf der Augenebene zu bestehen und immer wieder die Kompetenzen und Ressourcen der Klagenden in Bezug auf die Problemlösung zu erforschen. Der Grundsatz hier lautet nach Montessori: „Hilf mir, es selbst zu tun."

KUND:INNEN sind sich bewusst, dass es ein Problem gibt, können klare und realistische Ziele für die Therapie entwickeln und sind bereit, sich zu verändern bzw. an Veränderungen aktiv mitzuwirken. Sie sind entschlossen, sich den Problemen zu stellen und Hindernisse auf dem Weg zu überwinden. Die therapeutische Zusammenarbeit mit Kund:innen ist daher erwartungsgemäß sehr angenehm, solange man auf Augenebene mit ihnen agiert. Aufgrund ihrer Kompetenz und Autonomie kann es sonst passieren, dass sie aufbegehren, wenn man ihnen als Expert:in entgegentritt. Aufgrund ihrer Fähigkeit, kritisch zu urteilen, und dem Wunsch, den Prozess aktiv mitzugestalten, können sie viele und auch unangenehme Fragen stellen, von denen sich Expert:innen leicht infrage gestellt fühlen. Begegnet man ihnen jedoch auf Augenhöhe, sollte man in der Lage sein, eine fachlich fundierte Antwort zu geben und sie in dem therapeutischen Prozess mitzunehmen (s. Kapitel 3: Psychoedukation).

Erfolgserwartung

Obwohl die Patienten, mit denen therapeutisch gearbeitet wird, natürlich die Hunde sind, kommt den Halter:innen eine entscheidende Rolle zu. Man wird während des gesamten Therapieprozesses auf ihre Mitarbeit angewiesen sein. Skepsis und Misstrauen der Therapie gegenüber werden selbst ein methodisch richtiges Vorgehen sabotieren. Daher ist es von entscheidender Bedeutung, den Halter:innen von Anfang an angemessene Hoffnung zu vermitteln, ohne unrealistische Erfolgsversprechen zu machen. Eine hohe Erwartung an den Erfolg der Therapie wird nach Neudeck und Mühlig durch folgende Faktoren begünstigt:

- eine vertrauensvolle Beziehung
- ein vertrauenserweckendes, gepflegtes Setting mit professioneller Ausstattung (gepflegter Platz, trockene Sitzmöbel)
- Abläufe und Rituale, die zu den Vorstellungen der Halter:innen von Hundetraining bzw. Verhaltenstherapie im Hundetraining passen (sicherer Umgang mit dem Hund, passender Zeitrahmen)
- eine überzeugende Darlegung, warum man welche Interventionen aufgrund der vorliegenden Störung wählt und welcher Wirkmechanismus zugrunde liegt (s. Kapitel 3: Psychoedukation)
- eine erkennbare Umsetzung der in der Psychoedukation besprochenen Interventionen während der Therapie

Ein professionelles und kompetentes Auftreten hilft den Halter:innen also, sich vertrauensvoll auf die therapeutische Arbeitsbeziehung einzulassen und einer zunächst fremden Person den Hund mit seinen Problemen und seinem Leid anzuvertrauen.

Informationssammlung

Im Erstgespräch muss von therapeutischer Seite zunächst geklärt werden, ob überhaupt eine behandlungsbedürftige Störung vorliegt und ob die Voraussetzungen für eine Verhaltenstherapie im vorliegenden Setting gegeben sind.

Folgende Struktur hat sich in Anlehnung an Neudeck und Mühlig (2020) bewährt:

- Begrüßung
- Erfassen der Problematik
- Notwendigkeit einer Therapie und Vorbehandlungen
- Kurzbiografie und aktuelle Lebensumstände
- Auftragsklärung

Rahmen des Gesprächs

Nachdem Halter:in und Hund auf dem Platz angekommen sind, wird man sich zunächst dem Menschen zuwenden und die üblichen Höflichkeiten austauschen. Währenddessen kann es für die spätere Diagnostik hilfreich sein, den Hund bereits genau zu beobachten und sein Verhalten in dieser neuen Umgebung wahrzunehmen.

- Wie verhält er sich in der Begrüßungssituation?
- Wie verhält er sich seinem Menschen gegenüber?
- Wie verhält er sich einer fremden Person (Trainer:in) gegenüber?
- Wie interagiert er mit dem Platz und ggf. mit anderen Hunden?
- Wie lange dauert es, bis er zur Ruhe findet?
- Was tut er, um zur Ruhe zu kommen, d. h., wie beruhigt er sich, mit welchen Strategien reguliert er seine Emotionen und seine

Erregung? Welche Strategien bieten ihm die Halter:innen an? Was davon funktioniert, was nicht?

Zur Orientierung der Halter:innen kann man nochmals einen kurzen Ausblick auf das Erstgespräch geben, selbst wenn dies bereits im Telefonat besprochen wurde.

- Wie lange hat man sich Zeit genommen?
- Was muss besprochen werden, welcher Struktur wird man folgen?
- Welche Ziele verfolgt man mit dem Erstgespräch?
- Was sind die Themen, die die Halter:innen besprechen möchten?
- Wird man am Ende des Gesprächs bereits einen groben Behandlungsplan skizzieren?
- Wird mit dem Hund gearbeitet werden in dieser ersten Stunde?
- Werden bereits erste Maßnahmen besprochen werden, die die Halter:innen zuHause umsetzen können?

Dies lässt sich mit wenigen Sätzen im eigenen Stil formulieren, die schnell zur Routine werden. Nebenbei vermittelt man durch das Aufzeigen der Fülle an Themen, die im Erstgespräch besprochen werden müssen, dass aufgrund der begrenzten Zeit kein Raum besteht, einzelne Themen zu stark zu vertiefen.

Weiterhin kann es hilfreich sein, offen anzusprechen, dass das Erstgespräch auch dem gegenseitigen Kennenlernen dient. „Sie haben in diesem Gespräch auch die Gelegenheit, sich erst mal anzuschauen, wer ich bin und wie ich mit Hunden und Menschen arbeite.“ Wenn man durch das Telefonat und den Erstauskunftsbogen den Eindruck gewonnen hat, dass die Probleme des Hundes mit der Beziehung zum Menschen zu tun haben könnten, dann kann man auch schon diesbezügliche Fragen vorbereiten und eine respektvolle Einstellung signalisieren: „Die Beziehung zwischen Mensch und Hund und die Schwierigkeiten miteinander sind etwas sehr Persönliches. Es ist okay, wenn Sie zunächst etwas Zeit brauchen. Ich werde Ihnen Fragen stellen, aber Sie entscheiden, was Sie wann erzählen möchten.“

Erfassen der Problematik

In dieser Phase des Gesprächs lässt man den Halter:innen etwas Raum, die Problematik darzustellen, und fragt nach dem Grund dafür, dass sie gerade jetzt und hier Unterstützung suchen. Wichtig ist es, gemeinsam ein möglichst präzises und wirklichkeitsnahes Bild von der Symptomatik und den Umständen, unter denen sie sich zeigt, zu skizzieren. Da die Erzählungen der Halter:innen zunächst von ihrer subjektiven Sicht und ihren individuellen Perspektiven geprägt sein werden, ist es unumgänglich, dass man sich nach einer angemessenen Zeitspanne des freien Berichtens die Erlaubnis holt, das Gespräch steuern zu dürfen, indem man unterbricht, um nachzufragen, einen neuen Fokus zu setzen und auf andere Themen zu sprechen zu kommen.

Um nachzufragen, sind die sogenannten offenen W-Fragen nützlich: „Ist es in Ordnung, wenn ich Sie kurz unterbreche, wenn ich etwas noch nicht richtig verstehe? Sie sagten, Ihr Hund [rastet aus], darf ich fragen, <u>was</u> [Sie in dieser Situation tun/die andere Halterin tut]?" Weitere Fragen, um sich ein gutes Verständnis vom Problem zu verschaffen, könnten sein: „<u>Was</u> genau meinen Sie, wenn Sie [ausrasten] sagen?" „<u>Wie</u> oft ...?" „<u>Wie</u> lange ...?" „<u>Wie</u> häufig am Tag/pro Stunde/pro Monat ...?" „In <u>welchen</u> Situationen ...?" „Bei <u>welchen</u> Personen/Hunden ...?" „<u>Wer</u> ...?" „Zu welcher Tageszeit/<u>wann</u> ...?" „<u>Welche</u> Faktoren tragen Ihrer Meinung nach dazu bei, dass Ihr Hund/<u>warum</u> ...?" „Was meinen Sie, <u>wozu</u> tut Ihr Hund ...?" („Wozu" fragt hier nach den Zielen, während „Warum" nach den vermuteten Ursachen fragt.)

Um das Thema zu wechseln, wenn man meint, ausreichend Informationen bekommen zu haben, kann man sich ebenfalls die Erlaubnis zur Unterbrechung holen: „Ich habe verstanden, dass Ihr Hund [konkretes problematisches Verhalten] zeigt (das Gehörte mit eigenen Worten zusammenfassen). Ich würde später gerne noch mehr dazu hören. (Hier kein „aber" einfügen!) Damit wir das schaffen, was wir uns für dieses erste Gespräch vorgenommen haben (Verweis auf die in der Begrüßung besprochene Struktur), würde ich Sie jetzt gerne zu einem anderen Thema etwas fragen. Ist das in Ordnung, wenn ich Sie dafür jetzt erst mal unterbreche?"

Neben dem Gespräch mit dem Menschen ist an dieser Stelle auch eine gute Gelegenheit, sich zusammen den Hund anzuschauen, sofern die Symptomatik in dem Setting des Erstgespräches beobachtet werden kann.

Notwendigkeit einer Therapie und Vorbehandlungen

In dieser Phase verschaffen sich die Therapeut:innen einen Eindruck davon, ob es sich um eine behandlungsbedürftige Störung handelt, bei der eine Verhaltenstherapie indiziert ist und ob bereits Vorbehandlungen erfolgt sind. Dazu können wir uns an den Kriterien orientieren, die Humanpsychotherapeut:innen verwenden, um einzuschätzen, ob es sich um eine psychische Störung oder lediglich um störendes Erleben und Verhalten handelt, dass im gesunden Spektrum mitunter auftritt.

Die Indikation für eine Psychotherapie ist in Anlehnung an die Psychotherapie-Richtlinie der GKV[3] sowie nach Neudeck und Mühlig (2020) gegeben, wenn:

- eine **psychische Erkrankung vorliegt**, d. h. eine „krankhafte Störung der Wahrnehmung, des Verhaltens, der Erlebnisverarbeitung, der sozialen Beziehungen und der Körperfunktionen", bei der die Symptome „der willentlichen Steuerung durch die Patientin oder den Patienten nicht mehr oder nur zum Teil zugänglich sind" (§2)

---

3 › Die GKV ist die gesetzliche Krankenversicherung. Ihre Richtlinie über die Durchführung der Psychotherapie kann über https://www.g-ba.de/richtlinien/20/ [Stand: November 2025] abgerufen werden.

- die Einordnung als „krankhafte Störung" auf dem Vorliegen **konkreter** seelischer und körperlicher **Symptome** sowie krankhafter Verhaltensweisen beruht
- **keine hirnorganischen Veränderungen oder primär körperliche Erkrankungen** vorliegen, z. B. eine Schilddrüsenunterfunktion, ein Hirntumor oder eine Vergiftung (z. B. „Werwolfsyndrom"[4])
- die **Störung akut behandlungsbedürftig** ist, d. h., aktuell beim betroffenen Hund (nicht den Halter:innen) beträchtlichen **Leidensdruck** verursacht
- eine **eindeutige Diagnose** gestellt werden kann, auf deren Grundlage man eine geeignete (verhaltenstherapeutische) Behandlungsstrategie entwickeln kann
- die Störung **mit den Mitteln der Psychotherapie (Verhaltenstherapie) therapierbar** ist
- eine **Behandlung im ambulanten Setting vertretbar** ist, d. h., keine Fremd- oder Eigengefährdung in einem Ausmaß vorliegt, dass eine stationäre Unterbringung, z. B. in einer Tierklinik, einem Tierheim oder einem spezialisierten Hundezentrum (oder bei Hunden ggf. auch Euthanasie), erforderlich macht
- der **Hund aktuell therapiefähig** ist, d. h., keine körperlichen oder sonstigen Einschränkungen vorliegen, die ein verhaltenstherapeutisches Vorgehen stark beeinträchtigen (z. B. eine schwere Herzerkrankung, Schwangerschaft oder belastende Lebenssituation als Kontraindikation einer Konfrontationsbehandlung bei Phobien, s. Kapitel Kontraindikationen)
- eine **ausreichende günstige Prognose** besteht, d. h., dass die Haltungsbedingungen und Lebensumstände des Hundes so sind, dass sie die Erfolge der Therapie nicht übermäßig beeinträchtigen

4 › Ein psychoseähnliches Verhalten mit Ängsten und massiver Unruhe vermutlich durch Vergiftung durch Zusätze in bestimmten Kauknochen.

Über diese Punkte sollte man sich vor Beginn einer verhaltenstherapeutischen Behandlung unbedingt Klarheit verschaffen, auch wenn dies noch nicht im Erstgespräch abgeschlossen sein muss. Dazu kann es ratsam sein, den Hund auch tierärztlich gründlich untersuchen zu lassen sowie in einem weiteren Gespräch eine ausführliche Anamnese zu erheben.

Es ist nicht ungewöhnlich, dass Hunde mit psychischen Störungen und Verhaltensauffälligkeiten viele Stationen, möglicherweise auch mehrere Halterwechsel durchlaufen haben und dabei verschiedenen Hundetrainer:innen und Tierärzt:innen vorgestellt wurden. Die Vorgeschichte der Vorbehandlungen zu rekonstruieren, kann herausfordernd sein. Hilfreich, um den Überblick zu behalten, kann hier die Technik der „Lebenslinie" (AB 2: Lebenslinie, S. 34) sein, mit deren Hilfe gute und schlechte Phasen, Hindernisse, Ressourcen und die Stationen im Leben des Hundes übersichtlich dargestellt werden können, so wie es für den Fall hilfreich ist.

Günstig ist es, wenn man die stille Post umgehen kann und die Halter:innen dem direkten Austausch mit den Vorbehandler:innen zustimmen und eine Kooperation mit diesen hergestellt werden kann. Dann können Informationen ausgetauscht werden über das Störungsbild, hilfreiche und erfolglose Behandlungsansätze sowie ggf. Erfahrungen zum Einsatz von Psychopharmaka. Wichtig ist es, an dieser Stelle auch die Halter:innen zu fragen, weshalb die Behandlung nicht bei dem oder der Vorbehandler:in fortgesetzt wurde. Dies kann Hinweise darauf geben, womit die Halter:innen unzufrieden waren und an welchen Stellen es in der weiteren Zusammenarbeit knirschen könnte. Auf mögliche Reibungspunkte kann man dann gezielt Rücksicht nehmen, z. B. durch sorgfältige Psychoedukation (s. Kapitel 3), oder indem man Störungen auf der Beziehungsebene rechtzeitig anspricht und klärt. Ehe sie die Hilfe Dritter in Anspruch genommen haben, haben Hundehalter:innen oft versucht, das Problem zunächst alleine zu lösen, z. B. mithilfe von Videos aus dem Internet, Büchern oder Ratschlägen aus dem Bekannten- und Freundeskreis. Auch diese Versuche können interessante Informationen im Zusammenhang mit der Störung, deren Entwicklung und möglicher Behandlungsmaßnahmen liefern und sollten erfragt werden.

Kurzbiografie und aktuelle Lebensumstände

Im Erstgespräch geht es nur darum, einen groben Überblick über die Biografie des Hundes zu gewinnen. Ein detailliertes Bild kann man sich ggf. in weiteren Stunden zur Diagnostik verschaffen. Wichtig ist, zentrale Fragen zum Verständnis der Lebensgeschichte zu klären, z. B. woher der Hund stammt, was über die Eltern und eventuelle Geschwister bekannt ist (insbesondere in Bezug auf Verhaltensauffälligkeiten und psychische Probleme), wie der Hund die ersten 8–12 Wochen sowie die ersten Lebensmonate bis zur Pubertät verbracht hat (Züchter:in, auf der Straße, Tierheim), wann die Abgabe erfolgte, wie die ersten Wochen im neuen Zuhause sowie die Pubertät verliefen, ob und ggf. wann der Hund kastriert wurde und aus welchen Gründen. Dann wendet man sich der Entwicklung der Störung zu. Wichtig ist, Informationen zu Beginn und Verlauf der Störung zusammenzutragen und dabei ein gutes Bild von den damaligen Lebensumständen des Hundes vor Augen zu haben. Gerade Phasen von Verbesserung und Verschlechterung der Symptomatik sind besonders interessant, zum einen für das Aufspüren der Bedingungen, die eine Verbesserung bzw. Verschlechterung begleiten oder sogar bewirken, und zum anderen für die spätere Entwicklung von Maßnahmen zur Rückfallprophylaxe. Außerdem gibt die Lebensgeschichte Hinweise auf wichtige Ressourcen, die der Hund in die Therapie mitbringt, z. B. eine besondere Gabe zur Orientierung an der Stimmung von Menschen in seiner Umgebung, Mut, sich Herausforderungen zu stellen oder großes Selbstvertrauen.

Auftragsklärung

Selbst wenn es aus therapeutischer Sicht offensichtlich erscheint, was zu tun ist, können Halter:innen völlig andere Vorstellungen von der Behandlung haben. Dies führt regelmäßig zu Widerständen, Konflikten und Misserfolgen, obwohl die Behandlungsstrategie eigentlich erfolgversprechend ist. Die Therapieforschung zeigt, dass die Übereinstimmung in den Therapiezielen sich in bedeutsamem Ausmaß auf den Therapieerfolg auswirkt, während geringe Übereinstimmung zu vorzeitigen Therapieabbrüchen führt[5].

Die Klärung des Auftrags lässt sich in der inneren Haltung zusammenfassen: „Was kann ich für Sie tun?". Es ist für die Mitarbeit und das Gelingen der Therapie von entscheidender Bedeutung, dass die Halter:innen in der Lage sind, Therapieziele zu formulieren.

Gute Therapieziele sind SMART, d. h.:

- **SPEZIFISCH:** „Der Hund soll weniger Angst haben", ist vage und schwer umzusetzen. Ist man sich einig, wann das der Fall sein wird? Allgemein im Alltag oder nur in bestimmten Situationen? Spezifisch formuliert könnte es so klingen: „Der Hund soll beim Vorbeigehen an fremden Menschen auf der Straße kein Meideverhalten, sondern eine entspannte Körpersprache zeigen."
- **MESSBAR:** „Der Hund soll ruhiger werden", lässt viel Interpretationsspielraum. Genau genommen würde eine kleine Verbesserung der Unruhe schon den Auftrag erfüllen, womit die Halter:innen jedoch vermutlich nicht zufrieden sein würden. Ein messbares Ziel könnte lauten: „Der Hund soll in der Lage sein, 30 Minuten auf seinem Platz liegen zu bleiben, ohne dass man ihn daran erinnern muss, und sich dort still selbst beschäftigen (z. B. mit einem Kauartikel) oder dösen."

---

5 › Tryon, G. S. & Winograd, G. (2011). Goal Consensus and Collaboration. Oxford University Press.

- **ATTRAKTIV:** Damit jemand Zeit und Energie investiert, um außerhalb der Therapiesitzungen an der Erreichung der Therapieziele zu arbeiten, müssen diese Ziele den Halter:innen sinnvoll und erstrebenswert erscheinen. Natürlich kann man sich und dem Hund wünschen, dass er ruhiger wird, aber ist der Leidensdruck der Halter:innen groß genug, um an diesem Ziel auch mitzuarbeiten und die Hausaufgaben zu machen? Erscheint das Ziel sinnvoll im Kontext der Probleme des Hundes und vor dem Hintergrund des Therapiekonzeptes? Das Ziel: „Der Hund soll beim Spaziergang mindestens zwei Minuten auf meiner Höhe mit durchhängender Leine neben mir gehen", mag einem Menschen, dessen traumatisierter Hund fremde Menschen beißt und verletzt, wenig attraktiv und dringlich erscheinen und wird wenig Ressourcen freisetzen. Andere Probleme scheinen dringlicher. Dies ist besonders zu berücksichtigen, wenn es sich um wichtige Schritte im Therapieplan handelt, um beispielsweise die Orientierung oder die Impulskontrolle zu fördern, die für die Halter:innen jedoch nicht plausibel sind. Hier ist wieder die Psychoedukation von entscheidender Bedeutung (s. Kapitel 3), damit die Halter:innen verstehen, warum einzelne Schritte für die Behandlung notwendig sind und wie die Bausteine der Übungen ineinandergreifen.
- **REALISTISCH:** Das Ziel: „Der Hund soll vier Stunden allein zu Hause bleiben können und in dieser Zeit entspannt dösen oder sich selbst beschäftigen, ohne etwas zu zerstören", kann für einen acht Wochen alten Welpen genauso unrealistisch sein wie für einen Hund mit massiver Trennungsangst. Es ist daher wichtig, mit den Halter:innen offen darüber zu sprechen, wenn man manche Ziele in dieser Formulierung und in der gegebenen Zeit für unerreichbar hält, und dies fachlich und verständlich zu begründen. Oft kann man sich erst mal auf ein kleineres, realistischer erscheinendes Ziel einigen und das „große Ziel" später anpeilen, wenn

die kleineren erreicht sind. Umgekehrt kann es auch sein, dass eigentlich realistische Ziele, wie die Überwindung einer Phobie oder einer traumatischen Erfahrung, für die Halter:innen unmöglich erreichbar scheinen. Vielleicht, weil sie schon viel versucht haben und gar nicht mehr zu hoffen wagen, oder aufgrund von Erfahrungen in ihrer eigenen Lebensgeschichte. Hier ist es wichtig, realistische Hoffnungen zu wecken und ggf. die Selbstwirksamkeit der Menschen zu stärken, d. h. ihren Glauben daran, dass sie dazu beitragen können, dass ihr Hund die Therapieziele erreicht.

- **TERMINIERT:** Eine Therapie ist endlich. Beim Menschen werden für eine verhaltenstherapeutische Kurzzeittherapie, etwa zur Behandlung einer einfachen Phobie, zwölf Behandlungseinheiten angesetzt, die um weitere zwölf Behandlungseinheiten verlängert werden können. Eine Langzeittherapie, etwa wenn eine Borderline-Persönlichkeitsstörung vorliegt, kann bis zu 60 Behandlungseinheiten umfassen. Dazu kommen noch einige Stunden für das Erstgespräch und die Diagnostik. Bei Hunden wird die Behandlungsdauer u. a. durch die Geduld und den Geldbeutel der Halter:innen begrenzt. Daher ist es wichtig, über den angepeilten Zeitrahmen zu sprechen und ob die formulierten Ziele in dieser Zeit realistischerweise erreichbar sind. Hier müssen die Therapeut:innen aus ihrer Erfahrung abschätzen, wie lange die Behandlung ungefähr dauern könnte und transparent machen, dass es sich um eine grobe Schätzung handelt, die sich im Verlauf der Behandlung ändern kann. Es empfiehlt sich, dann ggf. inhaltliche Anpassungen an den veränderten Zeitrahmen vorzunehmen.

Bei der Zielformulierung sollte man darauf achten, dass die Halter:innen eher Annäherungsziele als Vermeidungsziele formulieren. Sie sollten eher die Frage beantworten: „Was soll mein Hund (wieder) tun können, was er jetzt nicht tun kann?“, und wenn der Hund etwas nicht mehr tun soll: „Was soll er stattdessen tun?“

Nur selten werden Halter:innen in der Lage sein, im Erstgespräch spontan Therapieziele zu formulieren, die diesen Kriterien entsprechen. Daher genügt es, erst einmal die vagen Ziele und Vorstellungen zu sammeln und nachzufragen, worin die Halter:innen die Rolle des oder der Therapeut:in sehen. Im Anschluss an die erste Stunde kann man den Halter:innen ein Arbeitsblatt mitgeben, auf dem sie ihre Ziele für den Hund noch einmal genauer formulieren können (AB 3: Therapieziele, S. 36). Sie werden auch angeregt, darüber nachzudenken, woran sie eine Verbesserung bzw. Verschlechterung der Problematik konkret erkennen würden (AB 4: Zielerreichungsskala, S. 37). Gut formulierte Therapieziele helfen in den weiteren Stunden dabei, gemeinsam auf Kurs zu bleiben und die Fortschritte des Hundes in der Therapie zu messen (Qualitätskontrolle). Sie bilden die Basis des gesamten therapeutischen Vorgehens, daher lohnt es sich, genügend Zeit in diesen Schritt zu investieren. Selbstverständlich können sie jederzeit im Verlauf der Therapie, z. B. nach Abschluss der Diagnostik, erneut mit den Halter:innen besprochen und angepasst werden.

Arbeitsblatt 2: Lebenslinie

Auf der Lebenslinie können Sie wichtige Ereignisse und den Verlauf der Problematik von der Geburt bis zum jetzigen Zeitpunkt im Leben Ihres Hundes festhalten. Auf der waagerechten Achse verläuft seine Lebenszeit. Auf der vertikalen Achse können Sie die Höhen und Tiefen festhalten. Positive Ereignisse können Sie oberhalb des Zeitstrahls eintragen, wie die schöne Zeit bei der Züchterin, den Einzug eines zweiten Hundekumpels in den Haushalt oder Episoden, in denen die Problematik Ihres Hundes noch nicht ausgeprägt war oder sich zeitweise gebessert hatte. Negative Ereignisse können Sie unterhalb des Zeitstrahls festhalten, wie einen Unfall, Erkrankungen oder Operationen, traurige oder schmerzhafte Lebensereignisse, den Beginn der Problematik und Phasen von Verschlechterung der Probleme.

Schreiben Sie kurze Schlagworte wie „Übernahme aus dem Tierheim“, „Beginn der Ängste“, „Umzug“ an die Lebenslinie und führen Sie bei Bedarf die Details gerne auf einem weiteren Blatt näher aus. Um sich besser zu erinnern, kann es hilfreich sein, Fotos aus der Zeit zu betrachten.

Wenn Sie über bestimmte Zeiten keine Informationen haben, lassen Sie Lücken im Zeitstrahl und füllen Sie sie mit einem Fragezeichen.

Beispiel

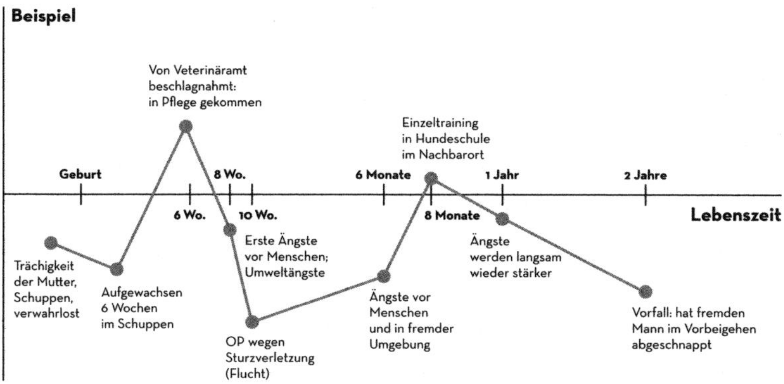

Arbeitsblatt 3: Therapieziele

Therapieziele helfen dabei, sich möglichst genau darüber zu verständigen, was mit der Behandlung für Ihren Hund erreicht werden soll. Je konkreter Sie Ihre Vorstellungen und Ziele formulieren, desto besser kann die Therapie darauf ausgerichtet werden. Versuchen Sie die Frage zu beantworten: Was soll mein Hund (wieder) tun können, was er jetzt nicht tun kann?

Außerdem helfen Ziele dabei, sich vorzustellen, wie ein alternatives Verhalten aussehen könnte, sodass man gemeinsam darauf hinarbeiten kann. Wenn Ihr Hund also etwas nicht mehr tun soll, was soll er stattdessen tun?

Beispiele

„Mein Hund soll beim Vorbeigehen an fremden Menschen auf der Straße und im Einkaufszentrum kein Meideverhalten, sondern eine entspannte Körpersprache zeigen."

„Mein Hund soll in der Lage sein, mindestens einmal am Tag 30 Minuten auf seinem Platz liegen zu bleiben, ohne dass man ihn daran erinnern muss, und sich dort still selbst beschäftigen (z. B. mit einem Kauartikel) oder dösen bzw. schlafen."

Bitte beschreiben Sie so konkret wie möglich, welche Ziele Ihr Hund in der Therapie erreichen soll.

1.

....

....

2.

....

....

3.

....

....

4.

....

....

5.

....

....

Prüfen Sie im nächsten Schritt bitte diese Ziele nochmals. Sind Ihre Ziele konkret formuliert, d.h. auf bestimmte Situationen bezogen, statt allgemein und vage? Sind sie so messbar formuliert, dass Sie sich mit einer außenstehenden Person ohne große Diskussion einig wären, wenn das Ziel erreicht ist? Erscheinen Ihnen diese Ziele erstrebenswert und sinnvoll für Ihren Alltag und auch aus Sicht Ihres Hundes, sodass Sie bereit sind, Zeit und Energie zu investieren, damit Ihr Hund diese Ziele erreichen kann? Erscheinen Ihnen diese Ziele im begrenzten Zeitrahmen einer Verhaltenstherapie realistisch? Möchten Sie größere Ziele noch einmal in kleinere Teilziele unterteilen?

Arbeitsblatt 4: Zielerreichungsskala

Informationen für die Therapeut:innen

Die Zielerreichungsskala, engl.: Goal Attainment Scale (GAS), wurde von Thomas Kiresuk und Robert Sherman Ende der 60er-Jahre eingeführt. Ihr Ziel war es, ein standardisiertes Verfahren für die Anwendung in der klinischen Psychologie zu entwickeln, mit dessen Hilfe die Patient:innen stärker in den Behandlungsprozess einbezogen werden. Die Skala wurde so allgemein gestaltet, dass sie auch außerhalb des klinischen Kontextes angewendet werden kann und wird daher heutzutage in vielen Bereichen verwendet, um die Erreichung selbstgesteckter Ziele zu überprüfen. Besondere Bedeutung hat sie noch immer in der Verhaltenstherapie. Dort dient die GAS unter anderem zur Evaluation und Dokumentation des Therapieerfolges und zur Qualitätssicherung.

Es handelt sich um eine 5-stufige Skala von -2 über 0 bis +2. Der Wert 0 gibt das erwartete Ergebnis an. Die Werte -1 und -2 geben an, dass das Ziel „weniger als erwartet" bzw. „viel weniger als erwartet" erreicht wurde. Die Werte +1 und +2 geben an, dass das Ziel „mehr als erwartet" bzw. „viel mehr als erwartet" erreicht wurde. Die Besonderheit besteht darin, dass man sich *vor* der Behandlung überlegt, welches *konkrete* Verhalten oder Erleben ein erwartetes bzw. schlechteres oder besseres Ergebnis wäre und dies dann im Nachhinein mit dem tatsächlich eingetretenen Therapieergebnis vergleicht.

Bei langfristigen Zielen kann es Sinn machen, Teilziele zu formulieren und deren Erreichung im Verlauf der Therapie abzugleichen. Auf diese Weise hilft die GAS zu entscheiden, wann man zum nächsten Therapieschritt übergehen kann.

Die GAS eignet sich besonders für Ziele, die möglichst konkret (SMART, s. Seite 31) und als Annäherungsziele formuliert sind. Es erfordert etwas Übung, passende Ziele für die GAS zu formulieren. Hier benötigen Halter:innen ggf. Unterstützung durch die Therapeut:innen.

Obwohl es aufwendig erscheinen mag, die Therapieziele so konkret mithilfe der GAS zu formulieren, hat sich dieses Instrument zur Kontrolle des Therapieprozesses und als Möglichkeit für die Patient:innen, den Therapieverlauf aktiv mitzusteuern, bewährt, und trägt auf diese Weise dazu bei, die Bereitschaft zur aktiven Mitwirkung an therapeutischen Maßnahmen zu steigern (Compliance).

Zielerreichungsskala (1/2)

Bitte wählen Sie ein Ziel aus, das Ihnen besonders wichtig erscheint, und machen Sie sich Gedanken, woran Sie erkennen würden, dass das Ziel erreicht wurde. Beginnen Sie im grauen Feld und tragen Sie dort ein Ziel ein, dass Sie auf dem Arbeitsblatt 3 Therapieziele (S. 36) erarbeitet haben. Dann überlegen Sie, woran Sie erkennen würden, dass das Ziel mehr bzw. sehr viel mehr als erwartet erreicht wurde, und dass das Ziel weniger bzw. sehr viel weniger als erwartet erreicht wurde.

Beispiel

Ziel: „Mein Hund soll beim Vorbeigehen an fremden Menschen auf der Straße und im Einkaufszentrum kein Meideverhalten, sondern eine entspannte Körpersprache zeigen."

Zustand zu Therapiebeginn: „Mein Hund hat Angst vor fremden Menschen, hechelt, zieht den Schwanz ein und weicht ihnen in großem Bogen aus oder zieht sich rückwärts aus dem Geschirr. Wenn er sich in die Enge gedrängt fühlt, schnappt er."

-2 Viel weniger als erwartet	Schnappt nicht mehr, wenn er sich in die Enge gedrängt fühlt, zeigt noch deutliches Meideverhalten gegenüber fremden Menschen
-1 Weniger als erwartet	Läuft an fremden Menschen ohne / mit kaum ausgeprägtem Meideverhalten vorbei, zeigt dabei noch Anzeichen von Angst und Stress
0 Unser Ziel (Erwartung)	Beim Vorbeigehen an fremden Menschen auf der Straße und im Einkaufszentrum kein Meideverhalten, entspannte Körpersprache
+1 Mehr als erwartet	Souverän und entspannt in Gegenwart fremder Menschen, legt sich auch mal hin (z. B. im Eiscafé)
+2 Sehr viel mehr als erwartet	Lässt sich von fremden Menschen manchmal anfassen, schläft manchmal in Gegenwart fremder Menschen (z. B. im Büro)

Unsere Stufen zur Zielerreichung (2/2)

Ziel:

....

....

Zustand zu Therapiebeginn:

....

....

....

-2 Viel weniger als erwartet	
-1 Weniger als erwartet	
0 Unser Ziel (Erwartung)	
+1 Mehr als erwartet	
+2 Sehr viel mehr als erwartet	

PROBLEM- UND VERHALTENSANALYSE

Die Verhaltenstherapie geht davon aus, dass das problematische Erleben und Verhalten erlernt wurde und daher auch wieder verlernt werden kann. Haben sich Symptome als Reaktion auf schwierige Lebensbedingungen oder Erlebnisse entwickelt, so können wir davon ausgehen, dass sie Versuche des Hundes waren, das damalige Problem zu lösen, und zwar mit den Mitteln, die ihm damals zur Verfügung standen. So gesehen, sind Symptome oder problematische Verhaltensweisen zunächst Lösungen, die zwar mit hohen Kosten verbunden sind, deren subjektiver Gewinn jedoch größer ist als das Leid, das sie verursachen. Um diesen Gewinn zu identifizieren, z. B. ein Nachlassen unangenehm starker Anspannung durch aggressives Verhalten an der Leine, ist es wichtig, das zugrunde liegende Problem zu verstehen und die Konsequenzen des problematischen Verhaltens zu erforschen. Nur so können wir dem Hund helfen, alternative Verhaltensweisen zu entwickeln, die denselben Nutzen haben, aber weniger Leid verursachen, d. h. ein gesünderes Alternativverhalten.

Das Ziel der Problemanalyse ist es, zu verstehen, welche Bedingungen zur Entstehung der Störung beigetragen haben und welche Bedingungen daran beteiligt sind, es aufrechtzuerhalten. Diese erfragen wir in der ausführlichen Anamnese.

Das Vulnerabilitäts-Stress-Modell

Das Vulnerabilitäts-Stress-Modell[6] beschreibt, wie sich aus der Interaktion von individueller Verletzlichkeit (Vulnerabilität) und Belastungsfaktoren (Stress) psychische Störungen entwickeln.

---

6 › Zubin, J. & Spring, B. (1977). Vulnerability – a new view of schizophrenia. Journal of Abnormal 86(2), 103–126.

Die individuelle Verletzlichkeit des Hundes umfasst mindestens drei Aspekte. Zunächst kann es aufgrund der **Genetik** des Hundes eine Vulnerabilität für bestimmte psychische Erkrankungen (z. B. Geräuschphobien) geben, z. B. aufgrund der Rasse, innerhalb von Familienlinien oder auch aufgrund der individuellen genetischen Ausstattung des Hundes, weil sich Gene der Eltern ungünstig im Individuum kombiniert haben (z. B. bei einem Rottweiler-Border Collie-Mix). Zweitens können **frühe Lebensereignisse und Belastungen** als Risikofaktor wirken, z. B. unsichere Bindungen, Trennungserlebnisse, Gewalt, ständiger Ressourcenmangel (Futter, Wasser, sicherer Unterschlupf, stabiles soziales Umfeld) und gefährliche Lebensumstände. Drittens können sich **erlernte Verhaltensweisen** ungünstig auf die Entwicklung psychischer Störungen auswirken, z. B. wenn der Welpe das aggressive oder das Meideverhalten seiner unsicheren Mutterhündin oder anderer wichtiger Bezugspersonen beobachtet. Die Vulnerabilitätsfaktoren, die bei dem individuellen Hund wirksam sind, bezeichnen wir auch als Prädispositionen. Eine Prädisposition ist eine Anlage oder Bereitschaft zur Entwicklung einer psychischen Störung, die zwar bei vielen Individuen vorhanden sein kann, sich aber nur dann in einer tatsächlichen Erkrankung manifestiert, wenn auslösende Bedingungen dazukommen.

Diese **auslösenden Bedingungen** sind Stressoren. Die Stressoren können einerseits interne Faktoren sein, wie psychisches Erleben (Angst, Wut, Hilflosigkeit, Erregung, ...) oder somatisches Erleben (Schmerzen, Hitze, Kälte, Hunger, Durst, ...), andererseits können es externe Faktoren sein, wie soziale Belastungen (Konflikte, Trennungen, Zurückweisung, Einsamkeit, ...) oder Bedrohungen des eigenen Überlebens und der Unversehrtheit (Angriffe und Übergriffe, körperlicher, psychischer, emotionaler oder sexueller Missbrauch, gefährliche Umwelten, Naturkatastrophen, ...).

Wenn ein Individuum eine hohe Vulnerabilität mitbringt und zudem ausreichend starkem, einmaligem oder chronischem Stress ausgesetzt ist, steigt das Risiko für die Entwicklung einer psychischen Störung. So kann ein Hütehundmix mit einer genetischen Prädisposition für die Entwicklung einer Angststörung in einer schweren Lebenskrise (z. B. Aufwachsen in einer Vermehrerstation, Trennung von der Mutterhündin mit sechs Wochen, Verkauf aus dem Kofferraum auf einem Parkplatz) eine Angststörung entwickeln, während ein Hund mit einer geringeren Vulnerabilität unter den gleichen Umständen möglicherweise symptomfrei bleibt.

Dieses Modell stützt sich auf Befunde aus der Psychotherapieforschung, wonach biologische und neurobiologische Anfälligkeiten oft nicht direkt mit der Entstehung psychischer Erkrankungen einhergehen. Andererseits führen psychosoziale Belastungen, denen mehrere Individuen gleichermaßen ausgesetzt sind, nur bei manchen von ihnen zur Entwicklung psychischer Erkrankungen. Zudem können sich bei verschiedenen Individuen nach denselben Belastungen unterschiedliche psychische Erkrankungen entwickeln. Die Entwicklung psychischer Störungen wird in der modernen klinischen Psychologie daher als Prozess begriffen, an dessen Entstehung viele Faktoren beteiligt sind, die auf individuelle und komplexe Weise interagieren (multifaktorielle Ätiologie).

Anamnese

Nachdem man sich im Erstgespräch einen groben Überblick verschafft hat, ist in der zweiten Stunde ausreichend Zeit, um eine ausführliche Anamnese zu erheben. Diese bildet die Grundlage dafür, die individuellen Risikofaktoren des Hundes zu erarbeiten und die auslösenden und aufrechterhaltenden Faktoren für die Entwicklung des problematischen Erlebens und Verhaltens zu identifizieren, also die Daten zusammenzutragen, die für die nachfolgende Verhaltensanalyse benötigt werden. Außerdem hilft sie dabei, einen Überblick über die Resilienzfaktoren und Ressourcen des Hundes zu gewinnen, die später in der Therapieplanung und -durchführung von entscheidender Bedeutung sein können, um die Mitarbeit und Stabilität des Hundes sicherzustellen.

Die Anamnese besteht aus fünf Bereichen: Störungsanamnese, Behandlungsanamnese, Familienanamnese, biografischer Anamnese und aktueller Lebenssituation.

Störungsanamnese

In der Störungsanamnese erheben wir den psychopathologischen Befund und erfragen ausführlich die Geschichte des problematischen Erlebens und Verhaltens.

Welche Auffälligkeiten und problematischen Erlebens- und Verhaltensweisen zeigt der Hund? Hier ist es wichtig, nicht nur die Symptome zu erfassen, die von den Halter:innen von sich aus berichtet werden, sondern gezielt alle psychopathologischen Merkmalsbereiche abzufragen (in Anlehnung an das AMDP-System[7]; s. AB 5: psychopathologischer Befund, S. 60). Dazu gehören das äußere Erscheinungsbild des Hundes und sein Verhalten im Kontakt, das Vorliegen möglicher Bewusstseinsstörungen (quantitativ: Bewusstseinsverminderungen, qualitativ: Bewusstseinseintrübung, Bewusstseinseinengung; z. B. bei Epilepsie), Orientierungsstörungen (räumlich, zeitlich, situativ; z. B. bei Demenz), Aufmerksamkeits- und Gedächtnisstörungen, Befürchtungen und Zwänge (Misstrauen, Phobien, Zwangshandlungen), Störungen der Affektivität (affektarm, depressiv, ängstlich, euphorisch, dysphorisch, gereizt, innerlich un-

---

7 › Das AMDP-System ist ein standardisiertes Erfassungssystem für den psychopathologischen Befund in der Psychiatrie. Es wird sowohl in der klinischen Praxis als auch in der Forschung eingesetzt, um systematisch Symptome zu erfassen und zu dokumentieren.

ruhig, affektlabil etc.), Störung von Antrieb und Motorik (antriebsarm, antriebsgesteigert, motorisch unruhig etc.), circadiane Besonderheiten (morgens schlechter, abends schlechter, abends besser) sowie andere Störungen wie sozialer Rückzug, soziale Umtriebigkeit, Aggressivität, Angstanfälle, distanzloses Verhalten, impulsives Verhalten, Selbst- und Fremdschädigung. Psychopathologische Merkmale, die sich auf das innere kognitive Erleben des Hundes beziehen wie Wahnerleben oder Sinnestäuschungen (Halluzinationen), sind hier nicht aufgeführt, da sie schwer von außen zu beobachten sind und man mit Hunden nicht über ihr inneres Erleben sprechen kann.

Als Nächstes verschaffen wir uns einen Überblick über den Verlauf der Störung. Dabei helfen uns folgende Fragen:

Wann begannen die ersten Auffälligkeiten, die vielleicht erst im Rückblick als solche verstanden wurden? Gab es zunächst unspezifische Symptome (Unruhe, Konzentrationsprobleme, Schlafstörungen, ...), die die Entwicklung einer problematischen Episode ankündigten? Wann trat die spezifische Symptomatik bzw. das Problemverhalten erstmals auf? Gab es einen erkennbaren Auslöser?

Wie verlief die Symptomatik? Gab es mehrere Phasen, in denen die Symptome auftraten und Phasen dazwischen, in denen sie (fast) verschwunden waren (episodischer Verlauf)? Wurde es stetig schlimmer (progredienter Verlauf)? Entwickelten sich die Symptome zunächst und blieben dann gleichbleibend schlecht (statischer Verlauf)? Gab es eine schlechte Phase, die inzwischen teilweise oder vollständig zurückging (remittierend)?

Gab es in der Vergangenheit andere psychische oder Verhaltensprobleme, die inzwischen zurückgegangen sind? Gibt es derzeit noch andere psychische Erkrankungen, Verhaltensprobleme oder wiederkehrende Konfliktthemen (Komorbidität)?

Gab es in der Vergangenheit körperliche Erkrankungen, die inzwischen zurückgegangen sind? Gibt es aktuell körperliche Erkrankungen? Dies ist insofern wichtig, da viele medikamentöse Therapien durchaus Nebenwirkungen haben können, die sich auf die Psyche auswirken (z. B. Kortison). Daneben können auch körperliche Erkrankungen psychische Symptome verursachen, die einer Verhaltenstherapie nicht zugänglich sind. In diesem Fall muss die organische Grunderkrankung entdeckt und behandelt werden.

Die Informationen, die wir in der Störungsanamnese gesammelt haben, vergleichen wir dann mit den Symptomen der psychischen Erkrankungen und suchen das Syndrom bzw. die Störung, zu der die Symptomatik sowie ihr Verlauf am besten passen. Das wird dann unsere Arbeitsdiagnose, auf deren Grundlage wir die passende Behandlungsstrategie wählen können.

Wir könnten z. B. feststellen, dass der Hund (intakter Rüde, Hütehundmix, ca. 55 cm Schulterhöhe, 17 kg, vier Jahre alt) abgemagert ist, struppiges Fell und einen leeren Ausdruck in den Augen hat, ansonsten in einem guten Pflegezustand ist (gepflegte Krallen, saubere Ohren, gebürstet, geimpft, neutraler Geruch aus dem Maul). Es liegen keine Bewusstseinsstörungen vor, er scheint zu allen Qualitäten (zeitlich, räumlich, situativ) orientiert (verlangt zur selben Tageszeit Futter, verhält sich situationsangemessen in unterschiedlichen Situationen, erleichtert sich an angemessenen Plätzen). Die Auffassung ist ungestört, die Konzentration objektiv vermindert mit Hypervigilanz (Überwachsamkeit), die Lernfähigkeit ist leicht vermindert (braucht vergleichsweise lange, um einfache Tricks wie „Sitz“, „Pfötchen“ etc. zu lernen), das Langzeitgedächtnis scheint ungestört (erkennt den Hundeplatz wieder, strebt bspw. zum Eingang, geht gezielt zum Wassernapf, erkennt die Trainerin wieder, zeigt stärkere Freude bei der Begrüßung als beim ersten Kontakt). Er zeigt sich im Kontakt mit fremden Hunden und Menschen misstrauisch, es können phobische Ängste vor fremden Männern beobachtet werden. Gelegentlich scheinen Dissoziationen aufzutreten. Die Grundstimmung wirkt deprimiert, ängstlich, gereizt, er zeigt sich innerlich sowie motorisch unruhig und antriebsarm (steht und liegt oft herum, ist dabei wach und „weiß nichts mit sich anzufangen", schwer zu motivieren zu Spaziergängen oder gemeinsamen Aktivitäten). Er zieht sich sozial oft zurück, gegenüber den Halterinnen ist er distanzlos. In vielen Situationen zeigt er impulsives Verhalten. Aggressive Ausbrüche treten ca. 3–4x/Woche gegenüber männlichen, fremden Spaziergängern auf (täglich drei Spaziergänge in der Stadt von je 15–60 min). Dabei kam es einmal zu einer Bissverletzung eines Passanten (Bluterguss am Arm), seitdem ist er durchgehend mit Maulkorb und Leine gesichert. Keine Selbstverletzungen, Einschlafstörungen sowie Appetitlosigkeit.

Bei diesem psychopathologischen Befund könnten uns u. a. folgende psychische Erkrankungen einfallen: Depression, Angststörung (Phobie: fremde Männer) oder eine Posttraumatische Belastungsstörung. Wir würden dann in der weiteren Diagnostik feststellen, welche der Störungen am besten zu der beobachteten Symptomatik passt und unsere Behandlungsstrategie darauf ausrichten (s. Kapitel 2: Psychische Störungen).

Behandlungsanamnese

Schon im Erstgespräch wurde kurz besprochen, welche Vorbehandlungen es gab. Dort lag der Fokus darauf, sich einen ersten Überblick zu verschaffen, was alles probiert wurde, um zu prüfen, ob eine psychische Erkrankung vorliegt und ob eine Verhaltenstherapie hilfreich sein könnte. Außerdem ging es darum, sich einen Eindruck von den Erwartungen an die Therapie und den oder die Therapeut:in zu verschaffen und ggf. Kontakt zu den Vorbehandler:innen herstellen zu dürfen.

In der Anamnese sprechen wir nochmals über die Vorbehandlungen. Diesmal ist ausreichend Zeit, um – gerne unter Einbeziehung der Lebenslinie zur Visualisierung – die einzelnen Behandlungen und

Trainings detaillierter zu besprechen und welche Wirkungen sie auf die Problematik hatten. Es gilt der Grundsatz der systemischen Therapie: Tue mehr von dem, was funktioniert, und weniger von dem, was nicht funktioniert.

STÖRUNGSBILD

- Welches Störungsmodell lag den Vorbehandlungen zugrunde?
- Welche Diagnose wurde gestellt bzw. welche Ursache vermuteten die Vorbehandler:innen für das problematische Erleben und Verhalten des Hundes?
- Worauf gründete sich die Vermutung?
- Haben die Halter:innen das Störungsmodell verstanden und die daraus abgeleitete Behandlungsmethode nachvollziehen können?

BEZIEHUNG

- Gab es eine vertrauensvolle Beziehung zwischen Halter:innen bzw. Hund und Vorbehandler:innen?
- Wenn ja, wie wurde diese hergestellt, was waren die wichtigsten Faktoren? Wenn nein, worauf gründeten sich die Vorbehalte bzw. das Misstrauen (z. B.: Hund hat generell Angst vor Fremden, zu wenig Zeit genommen, Antipathie, mangelnde Empathie, mangelnde Kommunikation und Transparenz, Unterstellung mangelnder Kompetenz, Abwertungen, keine Fortschritte, Abneigung gegenüber bestimmten Techniken, …)?

Insbesondere, wenn im Erstgespräch schon aufgefallen ist, dass es Probleme auf der Ebene der therapeutischen Beziehung gab, kann hier noch mal genauer nachgefragt werden, um sich an die Anforderungen des Mensch-Hund-Systems besser anpassen zu können.

BEHANDLUNGSSTRATEGIE

- Welche Strategien oder Techniken haben zu einer Verbesserung der Symptome oder des problematischen Verhaltens geführt?
- Was hat verhindert, dass diese weiter aufrechterhalten und angewandt wurden?

- Welche Behandlungen oder Trainings haben zu einer Verschlechterung der Problematik geführt?
- Lag es an der Technik, der inneren Haltung, mit der die Technik angewendet wurde, an der Beziehung zu den Vorbehandler:innen oder an den Lebensumständen außerhalb der Behandlung bzw. des Trainings?
- Gab es noch andere Faktoren, die den Erfolg verhindert haben könnten? Wie wurde damit umgegangen?
- Wie war es um die Bereitschaft und Disziplin der Halter:innen bestellt, außerhalb der Therapie oder des Trainings mitzuarbeiten, z. B. mithilfe von Hausaufgaben?

PSYCHOPHARMAKA

- Gab es medikamentöse Behandlungen?
- Welche Medikamente wurden unter welcher Diagnose wie lange und mit welchem Erfolg gegeben?
- Wie war die Compliance, d. h. die Bereitschaft und Disziplin, sich an die Verordnung der Tierärztin zu halten?

SELBSTBEHANDLUNGSVERSUCHE

- Welche Selbstbehandlungsversuche haben die Halter:innen ausprobiert, z. B. anhand von Videos im Internet, Tipps von Bekannten, Seminaren oder Büchern?
- Was hat gut funktioniert, was nicht so gut?

Wenn man während der Behandlungsanalyse aufmerksam zuhört und sich gute Notizen macht, kann man bereits viele Ideen für die spätere Behandlung generieren und Fallstricke vermeiden, über die das Mensch-Hund-System schon früher gestolpert ist.

Familienanamnese

Um biologische, insbesondere genetische Faktoren, aber auch ungünstige Umweltfaktoren (z. B. Lernen von ungünstigen Strategien am Modell der Mutter oder ungünstige Haltungsbedingungen) zu identifizieren, die schon in den ersten Wochen der Entwicklung des Hundes als Risikofaktoren eine Rolle gespielt haben könnten, kann es hilfreich sein, sich nach den Eltern und Großeltern des Hundes sowie Halb- und Vollgeschwistern aus demselben Wurf oder anderen Würfen zu erkundigen. Häufig finden sich dort ebenfalls Hinweise auf Auffälligkeiten im Erleben oder Verhalten – das können auch andere Probleme sein als bei dem aktuellen Patienten. Diese Probleme müssen nicht immer die Ausprägung einer psychischen Störung erreichen (z. B. geringe Frustrationstoleranz und starke innere und äußere Unruhe), trotzdem geben sie wertvolle Hinweise auf Risikofaktoren (Vulnerabilitätsfaktoren) und mögliche frühe Lernerfahrungen.

Psychische Erkrankungen oder Auffälligkeiten der Züchter:innen können sich auf die Aufzucht der Welpen ebenfalls negativ auswirken, z. B. eine depressive Episode (einerseits aufgrund der mangelnden emotionalen Verfügbarkeit als menschliche Bezugsperson während der Trächtigkeit und Welpenaufzucht, andererseits aufgrund der Antriebslosigkeit und sich daraus ergebender Vernachlässigung der Welpen und der Mutterhündin); Suchterkrankungen (aufgrund ähnlicher Faktoren wie bei der Depression); Schizophrenie (aufgrund unberechenbaren und bizarren Verhaltens); schwere Persönlichkeitsstörungen (aufgrund von charakteristischen Mustern von Interaktionsstörungen mit der Mutterhündin und den Welpen, z. B. impulsiven Wutausbrüchen, Grenzüberschreitungen etc.) oder Animal Hording, das krankhafte „Sammeln" und Halten von Tieren unter unzureichenden Haltungsbedingungen (tritt als Folge verschiedener psychischer Erkrankungen auf und führt ggf. dazu, dass Mutterhündin und Welpen in Obhut genommen werden müssen und im Tierheim weiter aufwachsen).

Aufseiten der Mutterhündin können Krankheiten, Operationen und Aufenthalte in der Tierklinik, Unfälle, kritische Lebensereignisse sowie chronische Belastungen (Ressourcenmangel, chronische soziale Konflikte) erfragt werden sowie der frühzeitige Tod und Todesursache von engen Verwandten des Patienten (Eltern, Großeltern, Geschwister, Geschwister der Eltern, Kinder von Geschwistern). Daneben gewinnen wir aus der Familienanamnese Hinweise auf die Aufwuchsbedingungen des Hundes.

- Wo wohnte der Welpe (Haus/Wohnung, Zwinger, Gartenschuppen, Tierheim, Straße, ...)?
- Welche erwachsenen Hunde waren an der Aufzucht beteiligt und wie intensiv (z. B. Tante, die sich um den Wurf kümmert)?
- Welche Menschen lebten mit den Welpen zusammen, wer hat sich um die Welpen gekümmert, wie intensiv war der Kontakt zu Menschen (z. B. rund um die Uhr; nur zur Fütterung)?
- Wie viele Geschwister hatte der Hund? Sind alle durchgekommen? Falls nicht: Woran verstarben die Geschwister und in welchem Alter (z. B. mit vier Tagen an einer Infektion)?
- Wie war das Verhältnis des Welpen zu den Geschwistern?
- Wie gingen die Mutterhündin und ggf. die anderen Hunde mit dem Welpen um?
- Wie gingen die Menschen mit dem Welpen um?
- Wie war die Atmosphäre dort, wo die Welpen aufwuchsen (z. B. laut, steril, bedrückend, still, einsam, kalt, fröhlich, herzlich, familiär – nach persönlichem Eindruck)?
- Gab es schon erste Erziehungsmaßnahmen vonseiten der Menschen (z. B. nicht in Kleidung beißen)?
- Wie war der Erziehungsstil?
- Welche Erziehungstipps wurden den Halter:innen mitgegeben?
- Wurden die Halter:innen nach der Abgabe des Welpen weiter betreut und beraten?

Aus der Familienanamnese lassen sich auch Hinweise auf Resilienzfaktoren (Schutzfaktoren) gewinnen, z. B. wenn der Welpe familiär aufwuchs in einer zugewandten und herzlichen Atmosphäre, altersangemessen und freundlich schon erste Erziehung genoss (nicht ungehemmt in Menschen beißen, keine Hosenbeine festhalten, möglichst draußen pinkeln etc.), eine gesunde, entspannte und fürsorgliche Hundemutter hatte sowie freundliche und aufgeschlossene Geschwister.

Gerade bei Hunden aus dem Tierschutz kommt es oft vor, dass keine Angaben über die ersten Lebenswochen oder -monate des Hundes zu bekommen sind. Dann bleibt einem nichts übrig, als mit der Lücke zu leben und sich bei der Diagnostik und Behandlungsplanung auf die Informationen zu stützen, die verfügbar sind.

Biografische Anamnese

Die biografische Anamnese sucht nach den Risiko- und Resilienzfaktoren in der Lebensgeschichte des Hundes. Auch hier kann die Lebenslinie hilfreich sein, um die Informationen zu ordnen und zu visualisieren.

Schon pränatale Einflüsse können sich vor der Geburt des Hundes ungünstig auswirken. Dazu gehören: Nikotinkonsum (Passivrauchen der Mutterhündin), Erkrankungen, Unfälle, Vergiftungen und die Einnahme bestimmter Medikamente sowie psychische Belastungen der Mutterhündin während der Schwangerschaft.

Als Nächstes sollten mögliche Geburtskomplikationen angesprochen werden (Stecken bleiben, Sauerstoffunterversorgung, Medikation, Verletzungen).

Für die Entwicklung eines resilienten Stresssystems ist eine sichere Mutter-Kind-Bindung von großer Bedeutung, die durch das Fürsorgeverhalten der Mutterhündin mitbedingt wird. Dazu muss sie eine möglichst gute Fähigkeit zur Selbstregulation mitbringen, welche durch Belastungen, eigene psychische Erkrankungen (z. B. Angsterkrankungen) und äußere Stressoren gestört sein kann. Besonders intensiv wirken sich schwere Erkrankungen und Klinikaufenthalte mit Trennung der Welpen von der Mutterhündin auf die Bindung aus sowie Trennungs-, Verlust- und Deprivationserlebnisse, Isolation, Vernachlässigung und Verwahrlosung. Auch unangemessene Aggressionen vonseiten erwachsener Hunde, der Geschwister oder menschlicher Bezugspersonen können sich negativ auf die Bindungsqualität auswirken. Das Ausmaß bzw. die Schwere der Erfahrungen kann Bindungsstörungen bis hin zu Bindungstraumata bedingen, die ihrerseits Prädispositionen für die spätere Entwicklung psychischer Störungen bilden.

Wie der Welpe in den ersten 8–12 Wochen bei der Mutterhündin und seinen Menschen aufwuchs, sollte in der Familienanamnese bereits besprochen worden sein. An dieser Stelle kann man nachfragen, wie der Welpe sich in dieser Zeit entwickelt hat und ob es Komplikationen oder Auffälligkeiten im Verhalten oder Temperament gab.

Wir können uns die kleine Persönlichkeit beschreiben lassen:

- War der Welpe eher forsch, neugierig, ruhig, ängstlich, zurückgezogen oder still?
- Wie ist er mit Frustrationen und Misserfolgen umgegangen?
- Wie hat er auf Grenzsetzungen der Mutterhündin, der Geschwister bzw. von Menschen reagiert?
- Wie ist er mit kurzzeitigen Trennungen umgegangen?
- Konnte er seine Erregung und Gefühle schnell regulieren oder brauchte er viel Unterstützung?
- War er im Vergleich zu den Geschwistern eher impulsiv oder beherrscht?

Anschließend beleuchten wir die ersten Wochen bei den neuen Halter:innen:

- Wie verliefen die ersten zwei bis drei Tage?
- Wie war die Eingewöhnung?
- Wie verliefen der Sozialisationsprozess und die Umweltgewöhnung?
- Wie kam der Welpe mit fremden Hunden und Menschen zurecht?

- Gab es Unterstützung in der Erziehung (Verwandte, Hundeschule, Hundetagesstätte, Dogwalking)?
- Wie lange hat der Welpe alleine bleiben müssen? Was hat er in der Zeit gemacht?

Dann schauen wir, wie der Hund erwachsen wurde.

- Gab es in der Zeit bis zur Pubertät kritische Lebensereignisse, Umzüge, Trennungen, Verlusterlebnisse, Unfälle oder sonstige Belastungen? (z. B. Einzug neuer Partner:innen, Trennungen der Halter:innen, Schwangerschaften der Hündin oder Halterin, Geburt von Kindern, Auszug von Kindern der Halter:innen aus dem Haushalt, Umzüge, Wechsel oder Tod wichtiger Bezugspersonen, Aufnahme von pflegebedürftigen Angehörigen in den Haushalt, Übernahme neuer Aufgaben durch den Patienten, z. B. im Polizei-/ Militärdienst, Einsatz als Suchhund beim Mantrailing oder in der Rettungshundestaffel, Einsatz bei Wettkämpfen mit hohem Leistungsdruck etc.)
- Wie verlief die Pubertät?
- Gab es schon Interaktionsstörungen oder soziale Auffälligkeiten im Welpenalter und/oder in der Pubertät mit anderen Hunden oder den Menschen, die zur Familie gehörten?
- In welchem Alter war der Hund in der Wahrnehmung der Halter:innen erwachsen?
- Hat er eine Aufgabe oder Beschäftigung erlernt (Mantrailing, Agility, Schutzdienst, Therapie-, Schul- oder Assistenzhund etc.)?
- Wie verlief die Ausbildung?
- Gab es beim Lernen Auffälligkeiten oder Komplikationen?
- Hat der Hund seine Aufgaben zuverlässig erfüllt?

Wichtig ist, nicht nur nach Stressoren und Belastungen zu suchen, sondern auch die Ressourcen und Kompetenzen zu sehen, die dem Hund in belastenden Situationen zur Verfügung standen, bzw. die er unter diesen Umständen erlernt oder gezeigt hat.

Persönlichkeitsanamnese

Unter dem Begriff Persönlichkeit versteht man nach Asendorpf die Individualität in körperlicher Erscheinung, Verhalten und Erleben. Die Unterschiede zu anderen Individuen, wie z. B. Reizbarkeit oder Ängstlichkeit, dürfen dabei nicht auf pathologische Vorgänge im Rahmen von psychischen (z. B. einer Traumafolgestörung) oder körperlichen Erkrankungen (z. B. Schmerzen, Schilddrüsenerkrankung) zurückzuführen sein. Um das Individuelle erfassen zu können, müssen wir eine Referenzpopulation benennen. Wollen wir das Misstrauen des Herdenschutzhundes, der zur Diagnostik erschienen ist, mit dem Mittelwert des Misstrauens von Labradoren vergleichen, mit dem Mittelwert aller Hunde über verschiedene Rassen hinweg oder vergleichen wir ihn nur mit Individuen seiner eigenen Rasse? Um Unterschiede zu messen, die tatsächlich zwischen Individuen bestehen und nicht zwischen Rassen, Geschlechtern oder Altersgruppen, muss die Referenzpopulation sorgfältig gewählt werden. Unglücklicherweise gibt es für Hunde keine Persönlichkeitsfragebögen bzw. -tests, die den Gütekriterien und der Ökonomie der Verfahren in der Humanpsychologie entsprechen. Dementsprechend kann eine Hundeschule nicht wie in der psychotherapeutischen Humanpraxis einen Test bzw. Fragebogen anschaffen und die Testergebnisse des Patienten mit einer Tabelle vergleichen, in der die Mittelwerte und Standardabweichungen (Streuung) der Persönlichkeitseigenschaften für beispielsweise einen vierjährigen, unkastrierten Kangalrüden abgelesen werden können. Stattdessen verlassen sich die Therapeut:innen auf ihr Bauchgefühl und ihre Erfahrung, die ihnen sagt, dass der Hund sich von dem typischen Kangal unterscheidet. Während für die Referenztabellen zu den Persönlichkeitsfragebögen in der Humanpsychologie jedoch Tausende von Probanden[8] getestet werden

---

8 › Z. B. 2608 Interviews für das Freiburger Persönlichkeitsinventar (FPI, 1982).

und nur zwischen Männern und Frauen, ggf. noch unterteilt nach Bildung und Altersgruppen, unterschieden werden muss, wäre der Aufwand für die Erhebung entsprechender Referenztabellen bei Hunden ungleich höher. Selbst wenn wir nicht für jede Rasse unterscheiden würden, sondern nur die zehn FCI-Gruppen heranziehen würden, müsste jede Gruppe noch nach Rüden und Hündinnen, kastriert und unkastriert, sowie nach Altersgruppen unterteilt werden, da sich die Persönlichkeit auch bei Hunden im Laufe des Lebens und unter dem Einfluss der Geschlechtshormone verändert. Zudem müsste die Erhebung repräsentativ sein, d. h., es müssten sich in der Stichprobe dieselben Verhältnisse widerspiegeln, wie sie für in Deutschland gehaltene Hunde typisch sind, und nicht nur für die Hunde, deren Halter Hundeschulen aufsuchen oder die überhaupt bereit sind, ihren Hund testen zu lassen. Aufgrund dieser Hindernisse ist auch das Bauchgefühl bzw. die Erfahrung von Hundetrainer:innen notwendigerweise begrenzt. Von vielen Rassen sehen sie in ihrem Arbeitsleben nur wenige Individuen, wenn sie ihnen überhaupt im Rahmen ihrer Erziehungs- und Beschäftigungsangebote begegnen. Andere Rassen und deren Mischlinge sehen sie so häufig, dass dies unbewusst der „normale" Hund wird, mit dem Abweichungen automatisch verglichen werden.

Ungeachtet der Probleme mit der Erhebung belastbarer Ergebnisse einer Persönlichkeitsanamnese, ist die Einschätzung der Persönlichkeitseigenschaften vor Beginn der Erkrankung (prämorbide Persönlichkeit) ein wichtiger Bestandteil der Diagnostik.

Ohne Fragebögen müssen wir uns dafür auf das klinische Interview stützen. Dazu stellen wir Fragen nach verschiedenen Persönlichkeitsbereichen:

- Wie geht der Hund mit seinen Bedürfnissen und Wünschen um? Kann er sie äußern und durchsetzen, auch gegen den Widerstand anderer, z. B. der Halter:innen und anderer Hunde?

- Wie geht er mit Gefühlen um? Drückt er sie frei und offen aus oder ist er „schwer zu lesen“? Sind seine Stimmungen überwiegend negativ, positiv oder neutral? Wechseln sie schnell oder sind sie weitgehend stabil, wobei „stabil“ auch stabil-negative Emotionen (Reizbarkeit, Ängstlichkeit) meint.
- Wie steht es um seine Frustrationstoleranz, die Fähigkeit zu warten und seine Impulskontrolle?
- Wie sind seine Beziehungen zu anderen? Ist er gern mit anderen Hunden und Menschen zusammen? Wirkt er in Gegenwart von Fremden gehemmt oder zurückhaltend? Lässt er sich leicht von Stimmungen anstecken, ist er empathisch und versteht soziale Interaktionen und Signale leicht oder kommt es oft zu Missverständnissen und Fehlinterpretationen (z. B. generelles Misstrauen oder Distanzlosigkeit trotz Drohverhalten des Gegenübers)?
- Wie ist die Beziehung des Hundes zu Regeln? Ist er zuverlässig im Alltag (z. B. läuft viel ohne Leine, ohne Konflikte oder bedrohliche Situationen zu provozieren), respektiert er Grenzsetzungen leicht oder muss man lange mit ihm diskutieren und verhandeln?
- Wie verhält er sich in engen Beziehungen zu anderen Hunden und Menschen? Sind seine Beziehungen stabil oder wirken sie beliebig und oberflächlich? Haben seine Bezugspersonen häufig in der Vergangenheit gewechselt („Wanderpokal“, mehrfache Halterwechsel, Tierheim), und wenn ja, geschah dies aufgrund von Schwierigkeiten, die sich aus seinem Verhalten gegenüber anderen Menschen oder Hunden ergeben haben? Verhält er sich in Beziehungen schnell frustriert, kommt es häufig zu Konflikten? Versucht er zu dominieren oder zu kontrollieren oder nimmt er eher eine untergeordnete Rolle in Beziehungen ein?
- Wie verhält er sich in Situationen, in denen er Leistung zeigen muss, z. B. als Assistenzhund (Schulhunde, Therapiebegleithunde, Blindenführhunde), im Schutzdienst (Polizei, Militär), bei der

Jagd (Jagdhunde) oder bei der Rettungshundearbeit? Ist er engagiert, motiviert und zuverlässig oder ist es schwierig, ihn zu motivieren oder mit ihm zu arbeiten?

- Wie verhält er sich mit Ressourcen? Teilt er mit anderen Hunden Wasser, Liegeplätze, Futter und Zugang zu Sozialpartnern oder verhält er sich konkurrierend, vielleicht sogar aggressiv? Gestattet er Menschen, ihm Ressourcen wegzunehmen oder darüber zu bestimmen?

All diese Fragen müssen vor allem aus der Lebensgeschichte heraus betrachtet und beantwortet werden, da es nicht um die Erfassung von symptomatischen Schwierigkeiten im Rahmen der Störung geht, sondern um die Persönlichkeit vor Beginn der psychischen Störung. Bei früh beginnenden Störungen im Welpen- und Junghundalter und bei Hunden, deren Vorleben nicht bekannt ist, ist es mitunter schwierig, die Persönlichkeit, die unter den Symptomen der Störung verborgen ist, herauszuarbeiten. Oft zeigt sie sich erst nach einer erfolgreichen Behandlung.

Aktuelle Lebenssituation

Um zu verstehen, weshalb die Problematik aktuell auftritt, müssen wir auch die aktuellen Lebensumstände des Hundes verstehen. Diese bilden die Rahmenbedingungen für die auslösenden und aufrechterhaltenden Faktoren der Störung und die Ressourcen, auf die der Hund zurückgreifen kann (s. AB 6: Ressourcensammlung, S.60).

Wie steht es um die Funktionsfähigkeit des Hundes in den verschiedenen Lebensbereichen im Alltag (s. AB 1: Erstauskunftsbogen, S. 15)? Wie stark ist der Hund sozial integriert und wird am Familienleben sowie gemeinsamen Ausflügen beteiligt? Positive soziale Kontakte und ein Netzwerk verlässlicher Bezugspersonen sind wichtige Resilienzfaktoren für Hunde, während fehlende oder konfliktreiche soziale Kontakte, einen bedeutenden Stressor darstellen.

Wie ist die aktuelle Wohnsituation des Hundes (Tierheim, Pflegefamilie, Haus mit Garten, Zwinger, enge Wohnung)? Kann man sich gegenseitig bei Konflikten und angespannter Stimmung aus dem Weg gehen? Hat der Hund Rückzugsorte, wo er ungestört sein kann?

Wie steht es aktuell um die Erfüllung der wichtigsten Grundbedürfnisse (Nahrung, Wasser, Schutz, verlässliche Bezugsperson/Bezugshund, ausreichend Bewegung und Ruhe bzw. Schlaf)?

Welche Belastungsfaktoren gibt es aktuell im Leben des Hundes, über die noch nicht gesprochen wurde (Pflege sterbender Angehöriger im Haushalt, konfliktreiche Scheidung, kürzlicher Umzug vom Land in die Großstadt etc.)? Hat der Hund in den letzten Monaten kritische Lebensereignisse oder Belastungen erlebt (Operationen, Unfälle, Trennungen, Trächtigkeit, Kastration etc.)?

Um gut verwertbare Angaben von den Halter:innen zu bekommen, ist es von entscheidender Bedeutung, dass die Therapeut:innen bis hierhin im Gespräch durchgängig eine interessierte, offene und vor allem nicht-wertende Haltung demonstriert haben, damit nicht Scham- und Schuldgefühle die Bereitschaft der Halter:innen behindern, sich zu öffnen und intime Details über ihre aktuelle Lebenssituation preiszugeben. Es ist nicht ungewöhnlich, dass im zweiten Gespräch bereits mehr Details ans Licht kommen als im Erstgespräch, und auch in weiteren Stunden sollte man nicht überrascht sein, plötzlich mit ganz neuen Informationen konfrontiert zu werden, die ein anderes Licht auf die Problematik des Hundes werfen. Vielen Halter:innen dürfte nicht bewusst sein, wie eng die Entwicklung psychischer Störungen auch beim Hund mit Faktoren zusammenhängt, die zu ihrer Privatsphäre gehören und die sie nicht ohne Weiteres mit einem fremden Menschen teilen werden, da sie schließlich nicht selbst zur Therapie gekommen sind. Das ist vielleicht ähnlich wie bei Eltern, die ihre Kinder in die Psychotherapie bringen und kaum damit rechnen, dass es auch viel um sie und ihre Lebensumstände gehen wird.

Arbeitsblatt 5: Psychopathologischer Befund

Merkmale	Beobachtungen und Symptome
Äußeres Erscheinungsbild und Kontakt Fellqualität, Augenausdruck, Gesamtausdruck, Pflegezustand, Geruch, … Im Kontakt freundlich, zugewandt, distanziert, misstrauisch, …	
Bewusstseinsstörungen Quantitativ: Bewusstseinsverminderungen, qualitativ: Bewusstseinseintrübung, Bewusstseinseinengung	
Orientierungsstörungen Räumlich, zeitlich, situativ	
Aufmerksamkeits- und Gedächtnisstörungen Auffassungsstörungen, Konzentrationsstörungen, Störungen des Kurzzeitgedächtnisses bzw. Langzeitgedächtnisses	
Befürchtungen und Zwänge Misstrauen, Phobien, Zwangshandlungen	
Störungen der Affektivität Affektarm, deprimiert, ängstlich, euphorisch, dysphorisch, gereizt, innerlich unruhig, ambivalent, affektlabil, affektinkontinent, affektstarr	
Störung von Antrieb und Motorik Antriebsarm, antriebsgehemmt, antriebsgesteigert, motorisch unruhig, theatralisch	
Circadiane Besonderheiten Morgens schlechter, abends schlechter, abends besser	
Andere Störungen Sozialer Rückzug, soziale Umtriebigkeit, Aggressivität, Angstanfälle, distanzlos, impulsiv, Selbst- und Fremdschädigung	

(In Anlehnung an das AMDP-System)

Arbeitsblatt 6: Ressourcensammlung

Während wir in der Therapie den Fokus auf die Probleme des Hundes richten, geht schnell der Blick dafür verloren, dass die Problematik nur ein Aspekt seines Lebens ist. Menschen, die seit längerer Zeit unter der psychischen Störung ihres Hundes (mit-)leiden, verlieren manchmal die positiven Seiten im Zusammenleben aus dem Blick, die Momente, in denen alles gut läuft und die Probleme gar nicht auftreten. Um die Beziehung zum Hund zu verbessern, aber auch um in schwierigen Therapiestadien Unterstützung geben zu können, ist es daher hilfreich, sich ein Bild von den Ressourcen des Hundes zu machen. Außerdem kann der Perspektivwechsel dabei helfen, zu sehen, wo in der Therapie Ressourcen noch aufgebaut oder gestärkt werden können, um die Lebensqualität des Hundes weiter zu verbessern.

Ressource	**Beobachtung**
Temperament und Persönlichkeit (Mutig, neugierig, offen, freundlich, gelassen, gesellig, …)	
Fähigkeiten / Kompetenzen (Frustrationstoleranz, Selbstbeherrschung, Impulskontrolle, soziale Kompetenz, kann gute Stimmung verbreiten, wachsam, guter Mantrailer, …)	
Soziale Kontakte und Unterstützung (Hundekumpel, Bezugsmenschen)	
Hobbies und Interessen (Schnüffelspiele, Mantrailing, Agility, Obedience, ruhige Wanderungen, Spielen mit anderen Hunden, ausgedehnte Kuschelstunden, …)	
Erfolge / mit dem Hund erreichte Ziele (Begleithundeprüfung, Wesenstest, jagdliche Prüfungen, Ausstellungs- und Wettbewerbserfolge, gemeinsamer Jakobsweg, …)	
Funktionale Bewältigungsstrategien (Schutz oder Orientierung bei der Halterin suchen, angemessen drohen, sich bei Konflikten zurückziehen, angemessenes Demutsverhalten, …)	

Nach Lühr, K., Zens C. & Müller-Engelmann, M. (2021). *Therapie-Tools Posttraumatische Belastungsstörung.* Beltz.

Verhaltensanalyse

Die Verhaltensanalyse betrachtet zunächst einzelne Situationen, in denen problematische Verhaltensweisen bzw. die Symptome auftreten. Der genaue Blick auf einzelne Situationen wird **Mikroanalyse** genannt und hilft dabei, die Bedingungen für das problematische Verhalten herauszuarbeiten und in ihrer Interaktion zu verstehen. Dafür kann in der Verhaltenstherapie das SORKC-Modell verwendet werden (s. Kapitel Mikroanalyse, S. 68). SORKC ist eine Abkürzung für (S)ituation, (O)rganismus, (R)eaktion, (K)ontingenz und (C)onsequenzen[9].

Die Mikroanalyse bildet die Grundlage für die folgende **Makroanalyse**, bei der auch die Entstehungsbedingungen der Störung und der Erwerb des problematischen Verhaltens unter lerntheoretischen Aspekten miteinbezogen wird. Außerdem werden in der Makroanalyse die Funktion der Symptome beleuchtet und die aufrechterhaltenden Bedingungen geklärt (s. Kapitel Makroanalyse, S. 73).

Die lerntheoretischen Grundlagen des SORKC-Modells

Die Verhaltensanalyse hat sich mit der geschichtlichen Entwicklung der lerntheoretischen Grundlagen der Verhaltenstherapie weiterentwickelt zum SORKC-Modell (s. Kapitel Mikroanalyse, S. 68). Um das SORKC-Modell zu verstehen, benötigen wir ein Verständnis der lerntheoretischen Grundlagen.

Den ersten Schritt zur Entwicklung eines lerntheoretischen Modells zur Analyse psychischer Störungen machte der Mediziner, Physiologe und Nobelpreisträger Pawlow, der die Prinzipien der **klassischen Konditionierung** entdeckte. Er ist berühmt geworden für die Experimente an Hunden, bei denen ein Geräusch (Neutraler Stimulus, NS) die Fütterung (Unkonditionierter Stimulus, US) ankündigte, worauf-

---

9 › Ursprünglich aus dem Englischen: (c)onsequences.

hin die Hunde zu speicheln begannen (Unkonditionierte Reaktion, UR). Nachdem dies oft genug wiederholt worden war, begannen die Hunde bereits bei dem Geräusch (Konditionierter Stimulus, CS) zu speicheln (Konditionierte Reaktion, CR), ohne dass Futter gereicht wurde. Aus dem Neutralen Reiz (NS) wurde durch klassische Konditionierung ein Konditionierter Reiz (CS). Auf diese Weise können physiologische und endokrine Reaktionen (Speicheln, Blutdruckerhöhung, Ausschüttung von Hormonen), einfache Schutz- und Abwehrreflexe (Lidschlussreflex) und auch emotionale Reaktionen (Angst, Wut, Ekel) klassisch konditioniert werden. Bei der klassischen Konditionierung findet eine Reiz-Reiz-Assoziation statt, d. h., ein bedeutsamer Reiz (Schmerz, Futter) wird mit einem neutralen Reiz in Verbindung gebracht (assoziiert), der eigentlich keine Bedeutung für den Organismus hat, der aber den bedeutsamen Reiz mit ausreichender Zuverlässigkeit ankündigt. Wenn das Individuum durch klassische Konditionierung lernt, schon auf den Hinweisreiz zu reagieren, dann spart dies wertvolle Millisekunden, die im Fall von Schutz- und Abwehrreflexen ein Auge oder das Leben retten können. Es kommt also nicht auf die Konsequenzen des Verhaltens an, es findet keine Reiz-Reaktions-Assoziation statt.

Der Psychologe Skinner, einer der Begründer des Behaviorismus, prägte den Begriff der **operanten Konditionierung**. Hier gibt es eine Reizsituation, die eine Reaktion auslöst. Diese Reaktion hat Konsequenzen (**Situation → Reaktion → Konsequenz**). Anders ausgedrückt: In einer Situation gibt es Reize, die dem Hund signalisieren, dass es jetzt eine gute bzw. schlechte Idee sein könnte, ein bestimmtes Verhalten zu zeigen. Ein Rüde ist z. B. vor dem Laden angebunden (Reizsituation). Diese Gesamtsituation signalisiert ihm, dass es eine schlechte Idee sein könnte, jetzt zu einer vorbeilaufenden Hündin zu springen (Verhalten), da er dann einen unangenehmen Ruck durch die Leine am Halsband erfahren wird (Konsequenzen). Eine Hündin sieht ihren Halter einen Cheeseburger essen (Situation). Aus Erfahrung weiß sie, dass es jetzt eine gute Idee ist, die Ohren anzulegen, den Kopf auf sein Knie zu legen und schräg zu ihm nach oben zu schauen (Verhalten). Als Konsequenz dieses Verhaltens bekommt sie den letzten Bissen. Wenn ein Organismus in der Lage ist, sich die Konsequenzen seines Verhaltens zu merken und in Zukunft vorherzusehen, hilft ihm das bei der Anpassung an seine aktuelle Situation. Der Lernprozess der operanten Konditionierung und damit auch die Anpassung des Verhaltens an zu erwartende erwünschte bzw. unerwünschte Konsequenzen in einer Situation sind unabhängig von bewussten Prozessen, sodass Entscheidungen unbewusst und sehr schnell getroffen werden. Das kann wiederum ein wichtiger Überlebensvorteil sein.

Sind die Konsequenzen positiv (Belohnung), wird das Verhalten in Zukunft häufiger gezeigt. Sind sie negativ (Strafe), wird das Verhalten in Zukunft seltener gezeigt. Wird etwas hinzugefügt, was das Individuum als angenehm erlebt, ist dies eine positive *Belohnung*. Wird etwas weggenommen und das Individuum erlebt dies als angenehm, dann handelt es sich um eine negative *Belohnung*. Dasselbe gilt für Bestrafung. Wird etwas hinzugefügt, was das Individuum als unangenehm erlebt, ist es eine positive *Bestrafung*. Wird etwas weggenommen und das Individuum erlebt dies als unangenehm, ist es eine negative *Bestrafung* (s. Tabelle 1).

Bei der positiven Belohnung handelt es sich i. d. R. um Reize, die geeignet sind, Bedürfnisse des Hundes zu erfüllen, die gerade nicht befriedigt sind, oder um klassisch konditionierte Reize, die (kurzfristige) Gefühle der Befriedigung oder Freude auslösen (CAVE: Gefahr der Suchtentwicklung). Negative Bestrafung besteht oft darin, die Situation oder die Reize so zu verändern, dass dem Hund aktuell wichtige Bedürfnisse nicht mehr erfüllt werden, indem man ihm die Mittel dafür nimmt.

Bei der positiven Bestrafung werden aversive Reize hinzugefügt, die i. d. R. schädlich oder bedrohlich für die körperliche und psychische Unversehrtheit, beängstigend, unangenehm oder schmerzhaft sind. Bei der negativen Belohnung werden derartige Reize entfernt, was das Individuum als angenehm erlebt (Erleichterung).

Tabelle 1: Einige Bespiele für die vier verschiedenen Typen von Konsequenzen bei der operanten Konditionierung. Ob etwas als Belohnung oder Bestrafung empfunden wird, ist individuell verschieden, daher handelt es sich um das Schema für einen fiktiven Hund.

	Belohnung	**Bestrafung**
Positiv (Etwas wird der Situation hinzugefügt.)	**Kodiert mit C^{+}** Futter, Wasser Aufmerksamkeit Lob / Anerkennung Positive Sozialkontakte (Streicheln, Kuscheln) Freiheit (Ableinen) (Angenehme) Erregung / Stimulation (Aufgabenwechsel, Umgebungswechsel, Spiel)	**Kodiert mit C^{-}** Schmerz Unangenehme körperliche Empfindungen (Jucken, Kribbeln) Hitze, Kälte Aggressive Interaktionen (Drohen, Anschreien) Bewegung / Anforderungen (wenn der Hund seine Ruhe will) Langeweile (Monotonie, endlose Wiederholung derselben Aufgabenstellung) Angstauslösende Reize (z. B. Schlange, lautes Geräusch) Unangenehme Erregung / Überstimulation (z. B. innere Unruhe, Anspannung, Überforderung durch Druck oder Reizüberflutung)
Negativ (Etwas wird in der Situation weggenommen.)	**Kodiert mit $\not{C}^{-}$** Schmerz lässt nach oder verschwindet (z. B. durch Schmerzmittel) Andere Stressoren lassen nach oder verschwinden (s. Feld: Positive Bestrafung)	**Kodiert mit $\not{C}^{+}$** Freiheitseinschränkung (z. B. durch Anleinen) Ignorieren (Aufmerksamkeits- oder „Liebesentzug") Kauartikel wird weggenommen Langeweile (aufgrund von Reizentzug)

Wichtig ist, dass das Individuum (unbewusst) entscheidet, was eine positive oder negative Konsequenz ist. Aufmerksamkeit oder Streicheln mag für den einen Hund etwas Schönes und Erstrebenswertes sein, ein anderer findet es furchtbar, von Menschen beachtet oder gar angefasst zu werden. Die Valenz (die emotionale Bedeutung, angenehm oder unangenehm) eines Reizes kann sich auch innerhalb eines Individuums von Situation zu Situation verändern. Wenn wir nach einem Fünf-Gänge-Menü sehr satt sind, kann ein – eben noch so köstliches – weiteres Stück Kuchen, das uns als Nachschlag angeboten wird, Übelkeit auslösen. Wenn der 13-jährige Schüler, der sich freut, wenn seine Lehrerin stolz auf ihn ist, von ihr vor der gesamten Klasse für einen besonders gelungenen Aufsatz gelobt wird, kann das starke Schamgefühle auslösen. In beiden Fällen handelt es sich in der konkreten Situation nicht mehr um eine Belohnung. Nur sehr selten haben wir es in Situationen außerhalb des Labors mit nur einem einzigen Reiz zu tun, dessen Wirkung als Belohnung oder Bestrafung wir einschätzen müssen. Um zu verstehen, ob ein Verhalten in Zukunft häufiger oder seltener auftreten wird, müssen wir also die Summe der Konsequenzen betrachten sowie die Situation, in der sich das Individuum gerade befindet. Das SORKC-Modell hilft uns, die Situation, das problematische Verhalten in der Situation und die Konsequenzen des Problemverhaltens als Vorbereitung für die Verhaltenstherapie zu ordnen.

Um Verhalten durch operante Konditionierung zu formen, müssen die Konsequenzen jedoch nicht jedes Mal auftreten. Daher wurde von Lindsley (1964) die Variable der Kontingenz in das SORKC-Modell eingeführt. Die Kontingenz beschreibt, wie stark der Zusammenhang zwischen der Situation, dem Verhalten und den Konsequenzen ist. Folgt auf ein bestimmtes Verhalten (1) **immer** und (2) **unmittelbar** eine bestimmte Konsequenz, wird dies als **kontinuierliche Verstärkung** bezeichnet. Kontinuierliche Verstärkung führt zu einer schnellen Änderung der Verhaltensrate (Aufbau oder Abbau von Verhalten), die Stabilität der Veränderung ist jedoch gering und das Gelernte kann leichter wieder gelöscht werden. Bei der **intermittierenden Verstärkung** wird dagegen nur jedes x-te Auftreten des Verhaltens belohnt oder bestraft und/oder das Verhalten hat jedes Mal bestimmte Konsequenzen, aber die Konsequenz tritt verzögert auf. Das kann nach einem festen Schema (z. B. jedes dritte Mal) oder zufällig erfolgen. Die Veränderung der Verhaltensrate (Aufbau bzw. Abbau von Verhalten) ist hier langsamer, die Löschungsresistenz jedoch höher, d. h., das Verhalten ist stabiler.

Kanfer und Saslow vollendeten schließlich 1969 die Entwicklung des SORKC-Modells mit der Einführung der **Organismus**variablen. Sie waren beeinflusst von der kognitiven Wende der Verhaltenstherapie, in deren Zuge man sich vom reinen Behaviorismus abwandte hin zum Kognitivismus (Kognitive Revolution). Ging man bis dahin davon aus, dass der Organismus eine „Black Box" darstellt, über deren Inhalt man keine Aussagen treffen kann, zeigten u. a. Experimente von Bandura Mitte der 60er-Jahre, dass es Lernprozesse wie das Modelllernen gibt, die nicht mehr nur mit operanter Konditionierung zu erklären waren. Also wandte man sich der Betrachtung der kognitiven Vorgänge innerhalb der „Black Box" beim Menschen zu. Bis die kognitive Wende auch bei der Analyse des Verhaltens von Säugetieren ankam, dauerte es noch einige Jahrzehnte. Inzwischen wissen wir jedoch dank der kognitiven Biologie, dass auch Säugetiere Kognitionen und Bewusstsein haben, die ihr Verhalten in beträchtlichem Ausmaß beeinflussen. Kognitive Prozesse, die für die Verhaltenstherapie relevant sind, sind u. a. die Wahrnehmung bestimmter Aspekte einer Situation und das Ausblenden anderer Aspekte, (selektive bzw. dysfunktionale) Informationsverarbeitung, die mehr oder minder ausgeprägten Fähigkeiten zum Problemlösen, Planen und zur Entscheidungsfindung, mehr oder weniger funktionale soziale Kognitionen (Absichten erkennen, Empathie, Kooperation, Kommunikation) und die Fähigkeit zu einsichtigem Verhalten durch unmittelbares Erfassen der Problemlösung ohne vorhergehende Lernerfahrungen wie „try and error“ oder latentes Lernen.

Mikroanalyse

In der Mikroanalyse (auch horizontale Verhaltensanalyse) werden die **vorausgehenden, begleitenden und nachfolgenden Bedingungen** des problematischen oder symptomatischen Verhaltens in einer konkreten Situation genau beschrieben. Sie stützt sich insbesondere auf Verhaltensbeobachtungen in für das Problemverhalten typischen, d. h. **repräsentativen Situationen**.

Für die Analyse eignet sich insbesondere das SORKC-Schema von Kanfer und Kollegen[10] (s. AB 7: SORKC-Schema, S. 72):

(S) **Situation**: Unter diesem Punkt werden externe (von außen beobachtbare) und interne (subjektive) Merkmale der Situation beschrieben, die dem Verhalten vorausgehen. Dazu können u. a. folgende Variablen gehören:

- das Setting (räumliche, zeitliche, situative Bedingungen)
- das Verhalten anderer Hunde oder Menschen
- das Verhalten des Patienten, das dem symptomatischen Verhalten vorangeht (z. B.: mit einem anderen Hund toben, ehe ein fremder Mensch dazukommt oder im Wald ein Schuss fällt)
- die Konsequenzen einer vorausgegangenen Verhaltensepisode (z. B.: Die Halterin ist wegen eines gerade abgeschlossenen Jagdausflugs des Hundes wütend auf den Hund.)
- akute Stressoren (externe wie Kälte oder Lärm und interne wie Hunger, Schmerzen)

---

10 › Kanfer, F. H., Reinecker, H. & Schmelzer, D. (2012). Selbstmanagement-Therapie (5. korr. Aufl.). Springer.

- Gefühle/Stimmungen, Erinnerungen, Ziele und Bedürfnisse in der aktuellen Situation (interne Variablen)

(O) Organismus: Hier werden die überdauernden biologischen und psychosozialen Merkmale des Patienten beschrieben, die sich auf die Wahrnehmung der Situation, die Auswahl des Verhaltens und die Bewertung der Konsequenzen auswirken. Dazu gehören die physiologische und somatische Ebene[11], körperliche Erkrankungen[12], Filter, die die Wahrnehmung innerer und äußerer Reize beeinflussen, wie Grundüberzeugungen[13], Werte[14], Einstellungen, aktivierte Schemata[15] und der Persönlichkeitsstil.

(R) Reaktion: Sie wird auf vier verschiedenen Ebenen betrachtet:

1. *Emotional*: Mit welchen Gefühlen reagiert der Patient? (Wut, Angst, Freude, etc.)
2. *Physiologisch*: Was passiert auf physiologischer Ebene im Körper? (Hecheln, Zittern, Herzrasen, Anspannung, Übelkeit etc.)
3. *Kognitiv:* Wie bewertet der Patient die Situation? Welche Erwartungen hat er? Wie verarbeitet er soziale Informationen? (z. B. die Fehlwahrnehmung von neutralem oder freundlichem Ausdrucksverhalten als aggressiv oder bedrohlich)

---

11 › Z. B. die generelle Empfindlichkeit des Stresssystems („Sensibilität", Neurotizismus) und der allgemeine körperliche Zustand (Pubertät, alt mit Einschränkungen der Sinnesorgane, abgemagert/adipös, kastriert etc.).

12 › Z. B. Schilddrüsenunterfunktion.

13 › Z. B. „Ich bin hilflos und kann sowie nichts tun, um meine Lage zu verbessern." (Erlernte Hilflosigkeit, Kontrollüberzeugungen); „Menschen kann man nicht trauen." (Misstrauen); „Mir passiert schon nichts." (Optimismus); Diese Grundüberzeugungen können Menschen auch sprachlich fassen, tatsächlich handelt es sich jedoch um bewusste und v. a. unbewusste Filter, unter denen Situationen systematisch bewertet und Reize sowie Handlungsoptionen wahrgenommen oder ausgeblendet werden.

14 › Was ist dem Hund wichtig, wofür würde er z. B. kämpfen? Status, Ressourcen, Territorien, Familie, etc.

15 › Nach der von Young entwickelten Schematherapie.

4. *Motorisch (behavioral):* Wie reagiert der Patient auf der sichtbaren Verhaltensebene? Welches Ausdrucksverhalten zeigt er (Mimik, Körpersprache, Lautäußerungen)? Welche Handlungen können beobachtet werden? (Inkl. Dauer, Intensität und Auftretenshäufigkeit)

(K) Kontingenz: An dieser Stelle wird beschrieben, mit welcher Wahrscheinlichkeit und in welchem zeitlichen Zusammenhang die Konsequenzen auftreten (kontinuierliche bzw. intermittierende Verstärkung).

(C) Konsequenzen: Die Konsequenzen werden auf drei verschiedenen Ebenen beschrieben. Sie werden unterschieden nach (1) kurzfristigen vs. langfristigen Konsequenzen[16] , (2) positiven oder negativen Belohnungen bzw. Bestrafungen und (3) internen oder externen Konsequenzen.

Arbeitsblatt 7: SORKC-Schema

Anhand des folgenden Beispiels für einen fiktiven Border-Collie-Rüden, vier Jahre alt, unkastriert, soll die Verwendung des SORKC-Schemas im Rahmen der Verhaltensanalyse demonstriert werden.

(S) Situation	Während der Border-Collie-Rüde mit einer befreundeten Dackel-Hündin auf einer Waldwiese spielt, ertönt ein Knall (Schuss). Intern: Schmerzen (hat sich im Spiel vertreten, hinkt leicht), Freude und hohe Erregung durch das Spiel
(O) Organismus	Schilddrüsenunterfunktion in der Anamnese Geräuschempfindlichkeit (rassebedingt) Grundannahme: „Laute Geräusche sind gefährlich.“

16 › Wirksam i. S. der operanten Konditionierung sind nur die kurzfristigen Konsequenzen, während die langfristigen negativen Konsequenzen oft Anlass für die Entwicklung einer Behandlungsmotivation sind.

(R) Reaktion	*Emotional*	Angst (Panik)	
	Physiologisch	Hecheln, Herzrasen, Zittern, Anspannung, Unruhe	
	Kognitiv	Unspezifische Erwartung von Gefahr (keine konkreten negativen/ traumatischen Erfahrungen mit lauten Geräuschen lt. Anamnese)	
	Motorisch	Flieht zum Auto und versteckt sich darunter, bis die Halterin kommt	
(K) Kontingenz	Die Konsequenzen treten fast immer und unmittelbar nach den Reaktionen auf (kontinuierliche Verstärkung).		
(C) Konsequenz		*Belohnungen*	*Bestrafungen*
	Kurzfristig	$\not{C}^{-}$: Nachlassen der Angst unter dem Auto (nur einmal geschossen) $\not{C}^{-}$: Nachlassen der Anspannung (körperlich durch Flucht abreagiert) C^{+}: Halterin kommt hinterher und vermittelt Sicherheit	C^{-}: Schmerzen beim Laufen $\not{C}^{+}$: angenehmes Spiel ist durch Flucht beendet
	Langfristig	$\not{C}^{-}$: Vermeiden derartiger Situationen (Halterin geht nicht mehr im Wald spazieren) C^{+}: Erleben von Selbstwirksamkeit (durch Flucht „der Gefahr entkommen")	$\not{C}^{+}$: wird nicht mehr abgeleint → weniger Möglichkeiten zum freien Spiel mit anderen Hunden und weniger art- und rassegerechte Bewegung (Verstärkerverlust) C^{-}: mehr Anspannung und Unruhe durch zu wenig Auslastung, Entwicklung von Zwangssymptomen C^{-}: Angst und Grundannahme stabilisieren sich (lernt nicht, dass die Geräusche harmlos sind)

Legende: C^{+} positive Belohnung, C^{-} positive Bestrafung, $\not{C}^{-}$ negative Belohnung, $\not{C}^{+}$ negative Bestrafung

Arbeitsblatt 7: SORKC-Schema

<table>
<tr><td>(S) Situation</td><td colspan="4"></td></tr>
<tr><td>(O) Organismus</td><td colspan="4"></td></tr>
<tr><td rowspan="4">(R) Reaktion</td><td colspan="2">Emotional</td><td colspan="2"></td></tr>
<tr><td colspan="2">Physiologisch</td><td colspan="2"></td></tr>
<tr><td colspan="2">Kognitiv</td><td colspan="2"></td></tr>
<tr><td colspan="2">Motorisch</td><td colspan="2"></td></tr>
<tr><td>(K) Kontingenz</td><td colspan="4"></td></tr>
<tr><td rowspan="3">(C) Konsequenz</td><td></td><td colspan="2">Belohnungen</td><td>Bestrafungen</td></tr>
<tr><td>Kurzfristig</td><td colspan="2"></td><td></td></tr>
<tr><td>Langfristig</td><td colspan="2"></td><td></td></tr>
<tr><td></td><td></td><td></td><td></td><td></td></tr>
</table>

Legende: C^+ positive Belohnung, C^- positive Bestrafung, $\not{C}^-$ negative Belohnung, $\not{C}^+$ negative Bestrafung.

Makroanalyse und Plananalyse

Die Makroanalyse (s. AB 8, S. 79) berücksichtigt im Unterschied zur Mikroanalyse über viele verschiedene Situationen hinweg die **Bedingungen, die zur Entstehung und zum ersten Auftreten der Symptomatik** unter lerntheoretischen Gesichtspunkten geführt haben. Sie betrachtet außerdem die **aufrechterhaltenden Bedingungen** und die **Funktionen der Symptome**. Die Makroanalyse weitet also den Blick und versucht, für den individuellen Patienten ein Modell zu entwickeln, dass die Entstehung und Aufrechterhaltung der Störung auf Grundlage des Vulnerabilitäts-Stress-Modells beschreibt, indem sie Risiko- und Schutzfaktoren identifiziert. Sie stützt sich dazu neben der Verhaltensbeobachtung auf Informationen aus der ersten Exploration, der Anamnese, psychischem und körperlichem Befund sowie der Diagnostik.

Die Makroanalyse umfasst vier Ebenen:

1. **DIE ENTSTEHUNGSBEDINGUNGEN** (Prädispositionen) umfassen sowohl genetische und erworbene Vulnerabilitäten wie Bindungs- und Erziehungsstil, soziale Beeinflussung, Lernerfahrungen (u. a. Modelllernen, klassische und operante Konditionierungen, Habituation und Sensitivierung), Risikofaktoren innerhalb der Entwicklung (z. B. Deprivation und Vernachlässigung, Mangelernährung, Entwicklungstraumata, Teratogene, d. h. fruchtschädigende Einflüsse wie Strahlung und Umweltgifte, schwere körperliche Erkrankungen und Einschränkungen, Geburtskomplikationen) als auch individuelle Schutzfaktoren wie Temperament und Persönlichkeit, soziale Unterstützung, Intelligenz und Verfügbarkeit von Ressourcen.
2. **DIE AUSLÖSEBEDINGUNGEN** sind die Lebensumstände, Veränderungen oder Belastungen, die unmittelbar vor dem Auftreten der ersten Symptome vorlagen.
3. **DIE AUFRECHTERHALTENDEN BEDINGUNGEN** sind v. a. die Konsequen-

zen des symptomatischen Verhaltens, also dessen Funktion in der aktuellen Lebenssituation. Gäbe es aktuell keinen Gewinn, der mit dem, meist auch subjektiv leidverursachenden Verhalten verbunden ist, würde es nicht weiter aufrechterhalten werden, sondern aufgrund der negativen Konsequenzen zurückgehen und schließlich verschwinden. Hier sieht man den lerntheoretischen Schwerpunkt der Makroanalyse, welche Ursachen unberücksichtigt lässt, die ausschließlich auf biologische Faktoren zurückzuführen sind (z. B. eine Stoffwechselstörung der Neurotransmitter), bzw. auf solche Fälle nicht sinnvoll anwendbar ist.

4. **DIE BEWÄLTIGUNGSVERSUCHE** umfassen neben der Entwicklung bestimmter Symptome als „kostspielige" Lösungsversuche (z. B. Meideverhalten bei Ängsten, Zwangsverhalten oder aggressives Verhalten zur Reduktion von innerer Anspannung, sozialer Rückzug bei Depressionen etc.) auch die Einstellung des Patienten gegenüber der Symptomatik (Leidensdruck, Therapiemotivation), individuelle Bewältigungsstrategien (Copingstrategien), Selbstmanagementversuche (z. B. Entwicklung von Suchtverhalten, um Gefühle von Leere oder Anspannung auszugleichen) und das Suchen oder Einfordern von sozialer Unterstützung.

Die Plananalyse (s. AB 9, S. 79), auch vertikale Verhaltensanalyse genannt, beschreibt, nach welchen übergeordneten Regeln das Verhalten des Patienten gesteuert wird. Diese Regeln führen zu gewohnheitsmäßig durchgeführten komplexen Verhaltensabläufen, die in der Verhaltensanalyse „Pläne" genannt werden. Es sind Strategien zur Erfüllung bestimmter Bedürfnisse, „Motive" genannt. Die Zusammenhänge zwischen Motiven und Verhalten können mithilfe der Plananalyse[17] genauer betrachtet werden. Das Wort „Plan" ist etwas

---

17 › Caspar, F. (1996). Beziehungen und Probleme verstehen. Eine Einführung in die psychotherapeutische Plananalyse (2. überarb. Aufl.) Huber.

irreführend, weil es so klingt, als würde sich der Patient hinsetzen und rational überlegen, mithilfe welcher Strategien er seine Ziele am besten erreichen kann. Tatsächlich handelt es sich hauptsächlich um unbewusste Einstellungen, Werte, Erwartungen, Ansprüche und Neigungen. An oberster Stelle stehen die **Oberpläne**. Das sind die tiefsten, zugrunde liegenden Motive für die Handlungen des Patienten in bestimmten Situationen. Ein Hund, der schwere Beziehungstraumata erlitten hat, könnte den Oberplan verfolgen: „Vermeide es, abgelehnt und dann verlassen zu werden." Aus den Oberplänen können mehrere **Pläne** abgeleitet werden, in unserem Beispiel: „Vermeide aggressive Auseinandersetzungen", „vermeide es, deinen Halter aus den Augen zu lassen und eigene Interessen zu verfolgen", „vermeide Konflikte", „vermeide es, Fehler zu machen; mache es dem Halter immer recht". Aus einzelnen Plänen entwickeln sich wiederum **Unterpläne**. Aus dem Plan „vermeide es, Fehler zu machen; mache es dem Halter immer recht" könnte der Hund die Unterpläne entwickeln: „Streng dich in Übungen an", „gehe sozial und/oder im Hundesport über deine Grenzen" und „zeige keine Schwäche/keinen Schmerz/keine Unlust". Daraus ergeben sich dann Regeln für **konkretes Verhalten** in bestimmten Situationen. Aus dem Unterplan „gehe sozial und/oder im Sport über deine Grenzen" könnten sich in unserem Beispiel die konkreten Verhaltensregeln ergeben: „Lauf dem Ball hinterher, bis du einen Hitzschlag erleidest", „springe über Hindernisse, auch wenn es dir Schmerzen bereitet", „knurre, drohe und wehre dich nicht, wenn sich ein anderer Hund oder Mensch dir gegenüber übergriffig verhält", „wenn dein Halter wütend und aggressiv wird, bleib dicht an seiner Seite".

Wie gesagt, darf man sich nicht dem Missverständnis hingeben, die Patienten wären sich dieser Regeln in vollem Umfang bewusst und würden ihr Verhalten strategisch planen, um ihre Ziele zu erreichen und die zugrunde liegenden Motive zu befriedigen. Vielmehr hilft uns die Plananalyse, aus einzelnen Verhaltensweisen, die wir beobachten, die zugrunde liegenden Bedürfnisse und Motive zu explorieren, indem wir uns die Frage stellen: Wozu tut der Hund das? Wenn der Hund mit diesem Verhalten in vollem Umfang Erfolg hätte, welches Bedürfnis wäre dann erfüllt? Antworten auf diese Fragen bekommen wir durch Verhaltensbeobachtung und die Wirkung des Hundes auf seine Halter:innen und uns als Therapeut:innen.

In unserem Beispiel hat uns die Plananalyse zu dem Oberplan geführt: „Vermeide es, abgelehnt und dann verlassen zu werden." Wie können wir damit in der Therapie umgehen? Zunächst könnten wir in der Phase des Beziehungsaufbaus darauf achten, dass wir dem Hund grundsätzlich zugewandt und versichernd gegenübertreten und bei Korrekturen und Grenzsetzungen besonders darauf achten, freundlich und wohlwollend zu bleiben, sodass die Beziehungsebene nicht belastet wird (komplementäre Beziehungsgestaltung). Gleichzeitig könnten wir den Halter darin schulen, notwendige Korrekturen und Grenzsetzungen im Alltag ebenfalls in einer freundlichen, zugewandten und versichernden Haltung zu vermitteln. Parallel dazu können wir mit dem Halter zusammentragen, wo der Hund überall im Alltag und im Hundesport über seine Grenzen kommen könnte und die entsprechenden Belastungen reduzieren. Im nächsten Schritt könnten wir den Hund mit kleinen „Ablehnungen" konfrontieren, z. B. ihm verwehren, dass er den Halter auf die Toilette begleiten darf. Wir könnten außerdem eine neue Beschäftigung einführen, bei der der Hund anfangs viele Fehler machen wird, sodass er lernen kann, dass Fehler nicht automatisch Ablehnung zufolge haben und Korrekturen die Beziehung nicht belasten müssen. Ein weiterer Schritt wäre es, jeden Ansatz, bei dem der Hund Unlust kommuniziert, gezielt zu verstärken, anstatt ihn in solchen Situationen zu motivieren, sodass es ihm mit der Zeit leichter fällt, seine Grenzen aufzuzeigen. Außerdem könnte man jegliche Autonomiebestrebungen des Hundes fördern und bestätigen, z. B., indem man ihn nicht gleich abruft, wenn er sich mal selbstständig davonschnüffelt. Wir arbeiten also auf den verschiedenen Ebenen mit dem Hund, vom konkreten Verhalten in der konkreten Situation bis zum Oberplan.

Andererseits können wir von den Oberplänen auf die unteren Ebenen schließen, um uns konkretes Verhalten des Hundes zu erklären. Die Regeln, die sich aus dem Oberplan ergeben, wirken in der Lebensgeschichte durch charakteristische Muster im Umgang mit bestimmten Situationen und Konflikten. Der Hund wiederholt immer wieder Verhalten, dass auf den ersten Blick nur Probleme, Leid und Konflikte verursacht.

Bei der Plananalyse können wir unterscheiden zwischen **Annäherungs- und Vermeidungszielen**. Annäherungsziele erfüllen Grundbedürfnisse (z. B. Nahrung, Sicherheit, Kontrolle, Lustgewinn, Bindung und Status). Vermeidungsziele versuchen, die Verletzung von Grundbedürfnissen zu verhindern, die in der Vergangenheit erlebt wurden und für die Zukunft antizipiert werden (wie Alleinsein, Ablehnung, Verlassen werden, Hilflosigkeit).

Patienten können mehrere Ziele verfolgen, die miteinander im Konflikt stehen. Dies wird **Diskordanz** genannt. Ein Hund könnte z. B. die Ziele verfolgen, sich einerseits nicht auf neue Beziehungen zu Hunden oder Menschen einzulassen, und andererseits das Alleinsein zu vermeiden. Dabei kann es zu drei Arten von Konflikten kommen: (1) Appetenz-Appetenz-Konflikte (zwei Annäherungsziele stehen in Konflikt miteinander), (2) Aversions-Aversions-Konflikte (zwei Vermeidungsziele stehen in Konflikt miteinander und (3) Appetenz-Aversions-Konflikte (ein Annäherungsziel steht in Konflikt mit einem Vermeidungsziel).

Ein unangeleinter Hund könnte die leckere Fleischwurst essen wollen, die sein Mensch ihm hinhält, aber auch zu der Hündin auf der anderen Straßenseite laufen wollen (Appetenz-Appetenz-Konflikt).

Egal für welche Alternative er sich entscheidet, er wird auch das Gefühl eines Verlustes erleben, welches die Freude über die gewählte Alternative schmälert.

Bei einem Aversions-Aversions-Konflikt muss sich der Hund zwischen Pest und Cholera entscheiden und würde gerne beide Alternativen vermeiden. Der Welpe würde ungern ins Haus pinkeln, aber er möchte auch nicht nach draußen in den Regen.

Bei einem Appetenz-Aversions-Konflikt führt die gewünschte Annäherung an ein Ziel gleichzeitig auch zu negativen Konsequenzen, die man vermeiden möchte. Der Hund könnte zum Menschen kommen wollen, der ihn ruft, weil er die Streicheleinheiten, die Zuwendung und die Fleischwurst möchte, aber das Anleinen vermeiden wollen.

Ein weiteres Problem mit den Zielen ergibt sich daraus, dass Annäherungsziele und reale Erfahrungen nicht übereinstimmen. Dies wird **Inkongruenz** genannt.

Ein Hund im Tierheim könnte sich eine verbindliche und enge Beziehung zu einem Menschen wünschen, macht jedoch immer wieder die Erfahrung, dass Pfleger und Gassi-Gänger wechseln.

Aus dem gemeinsamen Ausmaß von Inkongruenz und Diskordanz entsteht **Inkonsistenz**, die nach Grawe[18], [19] einen wesentlichen Einfluss auf die Entwicklung psychischer Störungen darstellt.

Die Plananalyse erlaubt uns also, die Organismusvariable aus dem SORKC-Schema detaillierter zu beschreiben und die Lebensregeln zu erforschen, die mit dem Problemverhalten in Beziehung stehen. Mithilfe von Beobachtung und Empathie können wir so auf die zentralen unerfüllten Bedürfnisse schließen, die hinter dem problematischen Verhalten des Hundes stecken.

---

18 › Grawe, K. (2000). Psychologische Therapie (2. korr. Aufl.). Hogrefe.

19 › Grawe, K. (2004). Neuropsychotherapie. Hogrefe.

Arbeitsblatt 8: Makroanalyse

Entstehungsbedingungen	*Biologische / physiologische Faktoren*	
	Psychosoziale Faktoren	
Auslösebedingungen (Lebensumstände, Veränderungen, Belastungen)		
Aufrechterhaltende Bedingungen	*Positive Belohnungen (z. B. Aufmerksamkeit, Zuwendung, Nähe, Distanz, Autonomie, Kontrolle, Appellfunktion, Systemstabilisierung)*	
	Negative Belohnungen (z. B. Nachlassen von Anspannung, Anforderungen, belastenden Emotionen)	
Bewältigungsversuche (Symptome als Lösungen, Einstellung zur Symptomatik – Therapiemotivation,	Symptome als Lösungen	
	Leidensdruck und Therapiemotivation	
	Copingstrategien des Hundes	
	Selbstmanagement-strategien	
	Soziale Unterstützung	

Arbeitsblatt 9: Plananalyse: Funktion und Ziele des Verhaltens

Da die individuelle Plananalyse mehrere Oberpläne und unterschiedlich viele nachfolgende Ebenen enthalten kann, hier nur ein Beispielschema, wie eine Plananalyse grafisch dargestellt werden kann.

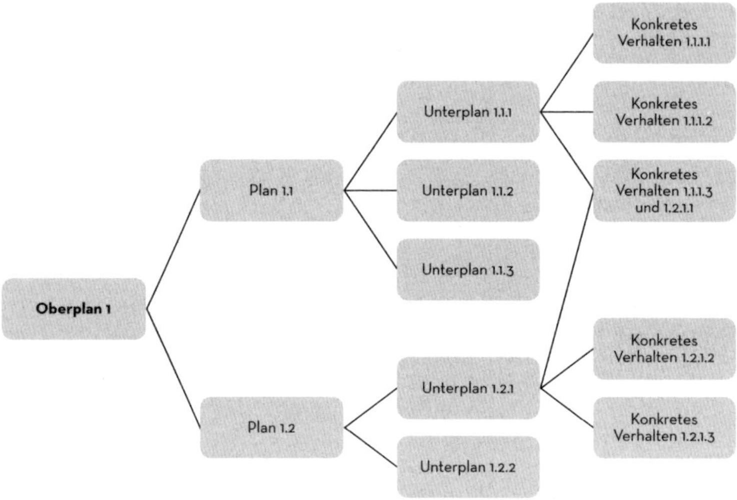

Schema einer Plananalyse

Welche Vermeidungsziele verfolgt der Hund mit seinem Problemverhalten?

....

....

Welche Annäherungsziele verfolgt der Hund mit seinem Problemverhalten?

....

....

Gibt es Konflikte zwischen den Zielen? (Diskordanz)

Ziel .... vs. Ziel ....

Ziel .... vs. Ziel ....

Ziel .... vs. Ziel ....

Stimmen Annäherungsziele und reale Erfahrungen nicht überein? (Inkongruenz)

....

....

Wie groß ist das gemeinsame Ausmaß von Diskordanz und Inkongruenz? (Inkonsistenz)

1	2	3	4	5	6	7	8	9	10
☐	☐	☐	☐	☐	☐	☐	☐	☐	☐
gering				mittel					stark

Wie realistisch sind die Pläne?

1	2	3	4	5	6	7	8	9	10
☐	☐	☐	☐	☐	☐	☐	☐	☐	☐
gering				mittel					stark

Kennt der Hund alternative Verhaltensweisen, um seine Ziele zu erreichen?

Ziel .... Verhalten: ....

Ziel .... Verhalten: ....

Ziel .... Verhalten: ....

Ziel .... Verhalten: ....

Behandlungsempfehlung:

☐ Übende Verfahren (wenn *Verhaltensdefizite* die Inkongruenz bedingen → z. B. Aufbau von Alternativverhalten, Verstärkerpläne, Modelllernen, Expositionstherapie, Entspannungsverfahren)

☐ Andere Verfahren (wenn *unrealistische Pläne* die Inkongruenz bedingen → z. B. Problemlösetraining, Stressbewältigungstraining, Skillstraining, soziales Kompetenztraining)

FALLKONZEPTION UND THERAPIEPLANUNG

Ebenen der Fallkonzeption

Nach Grawe[20] können folgende Schwerpunkte in der Therapie gesetzt werden:

1. Störungs- und problemspezifische Interventionen
2. Ressourcenaktivierung
3. Am Patienten orientierte Beziehungsgestaltung

Die Störungs- und problemspezifischen Interventionen basieren darauf, dass im Gehirn neue erregende und hemmende Bahnen aufgebaut werden, die problematisches Erleben und Verhalten hemmen und neue Erlebens- und Verhaltensweisen ermöglichen. Auf diese Weise wird die Schwere der Symptomatik verringert.

Die Ressourcenaktivierung und die Beziehungsgestaltung zielen darauf, dass der Patient in die Lage versetzt wird, durch funktionale Verhaltensweisen die wichtigen Grundbedürfnisse zu erfüllen, die der Symptomatik zugrunde liegen. Dazu soll er positive Erfahrungen in Beziehungen zu Sozialpartnern machen, stellvertretend zunächst in der therapeutischen Beziehung. Außerdem müssen Umwelt- und Haltungsbedingungen so verändert werden, dass das Ausmaß der Konflikte zwischen Bedürfnissen und Verhaltensweisen verringert wird.

An dieser Stelle kann es sinnvoll sein, noch einmal über die therapeutischen Ziele unter Einbeziehung der Erkenntnisse aus der Verhaltensanalyse zu sprechen.

Therapieplanung

Die Therapieplanung erfolgt auf der Basis der Verhaltensanalyse und

---

20 › Grawe, K. (2004). Neuropsychotherapie. Hogrefe.

der vereinbarten Therapieziele. Es sollte jetzt möglich sein, folgende drei Punkte zu planen (nach Kandale und Rugenstein, 2022[21]):

1. Richtung der Verhaltensänderung

Verhalten	**Ziel**
Unangemessenes Verhalten	Verhaltensabbau (z. B. ungehemmt aggressives Verhalten in Konflikten)
Verhaltensexzess (Eigentlich angemessenes Verhalten zum falschen Zeitpunkt, zu häufig, zu intensiv)	Verhaltensreduktion
Verhaltensdefizit (Angemessenes Verhalten, aber zu schwach, zu selten)	Verhaltensförderung
Fehlendes Verhalten	Verhaltensaufbau

2. Ansatzpunkte im SORKC-Modell (s. AB 10: Therapieplanung, S. 85)
3. Auswahl der Methode(n) mit Erstellung eines Ablaufplans

7-Phasen-Modell des therapeutischen Prozesses

Kanfer und Kollegen haben 2012 im Rahmen der Selbstmanagementtherapie den idealen Verlauf eines Therapieprozesses beschrieben. Sind die Ziele einer Phase erreicht, wird zur nächsten übergegangen. Genauso kann eine oder mehrere Phasen im Prozess zurückgegangen werden, wenn wichtige Ziele nicht mehr erfüllt sind (vgl. Kandale und Rugenstein, 2022). Insbesondere in den ersten drei Phasen besteht die Herausforderung in der Arbeit mit Hunden darin, dass man nicht auf die Vorstellungen des Patienten zugreifen kann, sondern analog zur verhaltenstherapeutischen Arbeit mit kleinen Kindern stattdessen Wege finden muss, das, was mit erwachsenen Menschen besprochen werden kann, für den Hund direkt erlebbar zu machen.

---

21 › Kandale, M. & Rugenstein, K. (2022). Das Repetitorium. (4. Aufl.). Deutscher Psychologen Verlag.

Phase 1: Eingangsphase Schaffung günstiger Ausgangsbedingungen	Aufbau der therapeutischen Beziehung Erfassung der Symptomatik und Ziele Herstellen der Therapiemotivation bei Hund und Halter:innen Diagnostik
Phase 2: Aufbau von Änderungsmotivation und (vorläufige) Auswahl von Änderungsbereichen	Reduktion von Widerstand ggenüber der Therapie Aufbau von Hoffnung, dass Veränderung möglich ist Ausblick auf positive Veränderungen bzw. Konsequenzen durch die Therapie
Phase 3: Verhaltensanalyse	Mikro- und Makroanalysen Plananalyse
Phase 4: Klären und Vereinbaren therapeutischer Ziele	Formulierung SMARTer Therapieziele Festlegung einer sinnvollen Reihenfolge der Ziele Motivieren des Hundes und der Halter:innen zur Mitarbeit
Phase 5: Planung, Auswahl und Durchführung verhaltenstherapeutischer Methoden	Planung von Interventionen (z. B. graduierte Exposition bei PTBS) Ablaufpläne (z. B. bei PTBS: erst Herstellung von externer Sicherheit, Stärkung der Selbstregulation, dann Traumaexposition) Planung konkreter Therapiesitzungen (z. B. Auswahl konkreter Trigger einer traumatischen Situation und Exposition)
Phase 6: Evaluation der Fortschritte	Feststellen der Verhaltensänderung Therapiebegleitende Diagnostik (z. B. mithilfe der Zielerreichungsskala – AB 4) Bei Bedarf Festlegen neuer Ziele und Therapieinhalte oder Hinlenken auf das Therapieende
Phase 7: Endphase Erfolgsoptimierung und Abschluss	Konsolidierung der therapeutischen Fortschritte Besprechung von Maßnahmen zur Rückfallprophylaxe Erlernen von Selbstmanagement Ausschleichen der therapeutischen Kontakte

Wie man sieht, machen die verhaltenstherapeutischen Techniken nur einen kleinen Teil der gesamten Verhaltenstherapie aus. Viel Zeit wird vorher darauf verwendet, die Grundlagen für eine erfolgreiche Auswahl und Durchführung der therapeutischen Techniken zu legen, indem das Störungsbild korrekt beschrieben und verstanden und eine tragfähige therapeutische Beziehung aufgebaut wird. Anschließend müssen der Patient und die Halter:innen oft zur Mitarbeit an den Verhaltensänderungen motiviert werden. Die verhaltenstherapeutischen Techniken sind sehr wirksam, jedoch oft zunächst unangenehm für die Patienten, sodass sie, trotz des hohen Leidensdrucks durch die Symptomatik, zunächst oft nicht ausreichend engagiert sind, die Techniken anzuwenden bzw. „durchzuziehen". So kommt es zu Widerstand und Vermeidungsverhalten innerhalb der Therapie, was auch das Infragestellen der therapeutischen Beziehung einschließen kann. Das Beobachten dieser Widerstände und inneren Kämpfe des Hundes kann für die Halter:innen eine so große Belastung sein, dass sie erwägen, die Therapie abzubrechen oder sich nicht durchringen können, wichtige Übungen mit der nötigen Regelmäßigkeit durchzuführen. Hier hilft die Erinnerung an die langfristigen negativen Konsequenzen (SORKC-Modell). Im Anschluss an das Herstellen der Veränderungsmotivation werden die Interventionen sorgfältig geplant, und nach der Durchführung wird geprüft, ob sie den gewünschten Erfolg hatten. Die Therapie endet hier jedoch nicht, sondern wird fortgesetzt, bis die Ergebnisse stabil und im Alltag tragfähig sind.

Arbeitsblatt 10: Therapieplanung

Maßnahmen zur Ressourcenaktivierung und -förderung (s. AB 6: Ressourcensammlung)	
Maßnahmen zur Verbesserung der Beziehungen des Hundes (Sozialspaziergänge, soziales Kompetenztraining, Verhaltensaufbau, Beschäftigung, Quality-Time, …)	○ Zu anderen Hunden: ○ Zu den Halter:innen: ○ Zu anderen Menschen:

<table>
<tr><td>Therapeutische Beziehungsgestaltung
(Wichtige bzw. kritische Aspekte der Beziehungsgestaltung)</td><td colspan="3">○ Umgang mit Nähe ○ Umgang mit Distanz
○ Umgang mit Grenzen ○ Umgang mit Konflikten
○ Umgang mit Aufmerksamkeit und Zuwendung
○ Umgang mit negativem Feedback
○ Umgang mit selbstständigen Entscheidungen (Autonomie)
○ Sonstiges:</td></tr>
<tr><td rowspan="7">Ansatzpunkte im SORKC-Modell
(s. AB 7: SORKC-Schema)</td><td colspan="3">Situationsvariablen kontrollieren bzw. verändern:

Organismusvariablen verändern (Erkrankungen, Grundüberzeugungen, Werte, Einstellungen, aktivierte Schemata):</td></tr>
<tr><td>Reaktionen</td><td>Aktuell</td><td>Ziel</td></tr>
<tr><td>Physiologisch</td><td></td><td></td></tr>
<tr><td>Emotion</td><td></td><td></td></tr>
<tr><td>Kognition</td><td></td><td></td></tr>
<tr><td>Verhalten</td><td></td><td></td></tr>
<tr><td colspan="3">Konsequenzen und Kontingenz
○ Aufrechterhaltende Konsequenzen:

○ Veränderungsideen:</td></tr>
</table>

Beispiel einer Therapieplanung

Für unser Beispiel nehmen wir einen fiktiven, 1,5-jährigen Sheltierüden, der nach mehreren Überfällen von anderen Hunden mit Bissverletzungen Angst vor anderen Hunden zeigt (einfache Phobie), und seine Halterin, 23 Jahre alt, Studentin.

<table>
<tr><td>Maßnahmen zur Ressourcen-aktivierung und -förderung
(s. AB 6: Ressourcen-sammlung)</td><td>- Häufigere Treffen mit Freunden und deren Hunden zu gemeinsamen Spaziergängen (angenehme soziale Kontakte)
- Wiederaufnahme des Agilitytrainings im Verein (Förderung von angenehmen, gemeinsamen Aktivitäten)
- Förderung des vorhandenen Angebotes des Hundes, in schwierigen Situationen Schutz und Orientierung bei der Halterin zu suchen</td></tr>
<tr><td>Maßnahmen zur Verbesserung der Beziehungen des Hundes
(Sozialspazier-gänge, Soziales Kompetenztrai-ning, Verhaltens-aufbau, Beschäf-tigung, Quality-Time, …)</td><td>⊗ Zu anderen Hunden:
- Teilnahme an moderierten Spaziergängen mit netten, fremden Hunden
- Wiederaufnahme der Aktivitäten im Hundesportverein mit vielen freundlichen Hundekontakten

⊗ Zu den Halter:innen:
- Halterin lernt, andere Menschen deutlicher darum zu bitten, dass sie ihren Hund anleinen bei Begegnung
- Halterin lernt, fremde Hunde körpersprachlich wegzu-schicken, um ihren Hund zu schützen
- Halterin ruft ihren Hund bei Begegnungen mit fremden Hunden zu sich und bietet ihm bei sich Schutz

○ Zu anderen Menschen:</td></tr>
<tr><td>Therapeutische Beziehungsgestal-tung
(Wichtige bzw. kritische Aspekte der Beziehungs-gestaltung)</td><td>○ Umgang mit Nähe ○ Umgang mit Distanz
○ Umgang mit Grenzen ⊗ <u>Umgang mit Konflikten</u>
○ Umgang mit Aufmerksamkeit und Zuwendung
⊗ <u>Umgang mit negativem Feedback</u>
○ Umgang mit selbstständigen Entscheidungen (Autonomie)
⊗ <u>Sonstiges:</u>
- Sensibel, empfänglich für Stimmungsübertragung, mag keine Konflikte, möchte „alles richtig“ machen, distanziert zu Fremden; keine Hinweise auf Interaktionsstörungen
→ Zeit geben zum Ankommen und Kennenlernen, behutsam und sensibel vorgehen, viel Zeit zur Verarbeitung von Reizen geben, Geduld, ruhige Stimmung in der Arbeit, sensible und behutsame Hunde als „Therapiepartner“ auswählen</td></tr>
</table>

<table>
<tr><td rowspan="7">Ansatzpunkte im SORKC-Modell
(s. AB 7: SORKC-Schema)</td><td colspan="3">Situationsvariablen kontrollieren bzw. verändern:
- Spaziergänge in der Gegend vermeiden, in der Menschen mit aggressiven, unangeleinten Hunden unterwegs sind (Problemviertel meiden, in dem die Überfälle passiert sind)
- Gelegenheiten für positive Hundebegegnungen schaffen

Organismusvariablen verändern (Erkrankungen, Grundüberzeugungen, Werte, Einstellungen, aktivierte Schemata):
- Keine relevanten

Reaktionen auf eine Begegnung mit fremden Hunden</td></tr>
<tr><td></td><td>Aktuell</td><td>Ziel</td></tr>
<tr><td>Physiologisch</td><td>Stress, aufgeregt</td><td>Entspannt</td></tr>
<tr><td>Emotion</td><td>Angst, Hilflosigkeit</td><td>Freude, neutral</td></tr>
<tr><td>Kognition</td><td>„Das ist gefährlich."</td><td>Beachten von Sicherheitssignalen, z. B. freundliche Körpersprache, Anwesenheit der Halterin, etc.</td></tr>
<tr><td>Verhalten</td><td>Kopflose Flucht</td><td>zur Halterin laufen</td></tr>
<tr><td colspan="3">Konsequenzen und Kontingenz
O Aufrechterhaltende Konsequenzen:
- Nachlassen der Angst und Anspannung durch die Flucht
- Verschwinden des angstauslösenden Reizes (fremder Hund)

O Veränderungsideen:
- Aufgabe des Vermeidungsverhaltens durch die Halterin
- Expositionsverfahren
- Ggf. Gegenkonditionierung
- Verhaltensaufbau: zur Halterin laufen statt Flucht</td></tr>
</table>

Die Therapieplanung sollte gemeinsam mit den Halter:innen erfolgen. Im Anschluss kann ihnen eine Kopie des Arbeitsblattes ausgehändigt werden. Zu wissen, wo man sich im Therapieablauf befindet und die eigenen Anteile an der Therapie vor Augen zu haben, stärkt die Motivation und Mitarbeitsbereitschaft der Halter:innen.

KAPITEL 2

PSYCHISCHE STÖRUNGEN

Der Begriff der Gesundheit wird von der WHO definiert als „ein Zustand des vollständigen körperlichen, geistigen und sozialen Wohlergehens und nicht nur das Fehlen von Krankheit oder Gebrechen." Als idealer Zustand völligen Wohlergehens auf allen Ebenen steht das Konzept der Gesundheit in Abgrenzung zum Konzept von Krankheit. Eine psychische Erkrankung ist die Manifestation einer schädlichen Dysfunktion, d. h. eine Funktionsstörung eines zugrunde liegenden Mechanismus, der seinen durch die Evolution vorgesehenen Zweck nicht mehr erfüllen kann (nach Wakefield). Was als „schädlich" gilt, ist abhängig von kulturellen und sozialen Normen. Psychische Störungen zeichnen sich oft durch Abweichungen von als normal definiertem Erleben und Verhalten (Devianz) aus. Dieses Empfinden des „Normalen" unterliegt ständigen Veränderungen im kulturellen Wandel. So galt Homosexualität lange als psychische Erkrankung, mittlerweile jedoch lediglich als Normvariante der sexuellen Orientierung. Um psychische Störungen von Normvarianten abgrenzen zu können, ist insbesondere das Ausmaß des Leidens relevant. Dieses kann durch die Symptomatik selbst hervorgerufen werden oder auch durch die Reaktion des Umfeldes auf die Störung. Das Leiden darf außerdem nicht nur eine zu erwartende Reaktion auf ein belastendes Lebensereignis sein (z. B. Trauer nach dem Verlust eines Sozialpartners). Neben dem Leidensdruck können psychische Störungen dazu führen, dass das Individuum seine Selbstständigkeit verliert und nicht mehr in der Lage ist, für sein Überleben selbst zu sorgen (z. B. Arbeitsunfähigkeit bei Gebrauchshunden nach traumatischen Erfahrungen, riskantes bzw. lebensgefährliches Verhalten bei Hunden mit Suchterkrankungen), jedoch gibt es viele Hunde, die trotz psychischer und körperlicher Gesundheit nicht in der Lage sind, ohne menschliche Unterstützung zu überleben. Keins der Kriterien ist daher für sich genommen ausreichend, um eine psychische Erkrankung attestieren zu können. Genauso müssen nicht alle Kriterien erfüllt sein. Je mehr Kriterien erfüllt sind, desto wahrscheinlicher ist es, dass der Hund unter einer psychischen Störung leidet.

DIE KLASSIFIKATION PSYCHISCHER STÖRUNGEN

Schon in der griechischen Antike waren nach Möller und Kollegen die psychischen Erkrankungen wie die Depression bekannt und mit den körperlichen Erkrankungen gleichgestellt. Während im Mittelalter diese Perspektive in Vergessenheit geriet und psychisch Kranke als „Asoziale“ zusammen mit Straftätern und „Hexen“ verfolgt wurden, wuchs mit Beginn der Aufklärung im 17. und 18. Jahrhundert das Interesse an der Erforschung psychischer Störungen und ihrer Ursachen. Der Franzose Pinel begründete Ende des 18. Jahrhunderts die französische Psychiatrie und befreite die „Irren“ von ihren Ketten. Sein Umgang mit den Erkrankten war geprägt von Zuwendung und Geduld. Auch aus England kamen Mitte des 19. Jahrhunderts sozialpsychiatrische Impulse von der Non-restraint-Bewegung (Verzicht auf mechanische Zwangsmaßnahmen an psychisch Erkrankten). Eine nachsichtige Haltung, soziale (Wieder-)Eingliederung, statt wie zuvor Isolation, sowie Beschäftigungstherapie waren Teil eines neuen Umgangs mit psychisch auffälligen Menschen.

Der deutsche Psychiater Kraepelin entwickelte im Übergang vom 19. zum 20. Jahrhundert eine erste „Systematik psychischer Erkrankungen auf der Basis der Beobachtung des Gesamtverlaufs" und nach weiteren Jahrzehnten der Forschung wurden in den 70er-Jahren des 20. Jahrhunderts die psychischen Erkrankungen schließlich im psychiatrischen Teil der „International Classification of Diseases" – ICD der WHO) kategorisiert und umfassend mit ihrer Symptomatik beschrieben[22].

Das ICD ist aktuell in der 10. Version (ICD-10) in Gebrauch. Das ICD-10 wurde erstmals im Jahr 1994 in den Mitgliedsländern eingeführt und seitdem ständig überarbeitet. Die 11. Ausgabe (ICD-11) liegt auch im Jahr 2025 aus lizenzrechtlichen Gründen noch nicht in einer einsehbaren oder anwendbaren Form vor, obwohl sie offiziell seit dem 01.01.2022 theoretisch einsetzbar ist. Die ICD-11 enthält bedeutsame Neuerungen in der Bewertung einiger Krankheitsbilder. Die Traumafolgestörungen werden neu klassifiziert und teilweise mit veränderten Kriterien beschrieben (Präzisierung des Traumabegriffs, Einführung des Krankheitsbildes der „komplexen Posttraumatischen Belastungsstörung" – kPTBS). Die Persönlichkeitsstörungen werden komplett überarbeitet. Die kategoriale Diagnostik (z. B. „zwanghafte Persönlichkeitsstörung"), wird durch eine dimensionale Diagnostik übergeordneter Persönlichkeitsmerkmale ersetzt (z. B. Dissozialität, Enthemmung, Distanziertheit), die auch den Schweregrad berück-

22 › Möller, H.-J., Laux, G., Deister, A. (2015). Psychiatrie, Psychosomatik und Psychotherapie. (6. Aufl.). Stuttgart: Georg Thieme Verlag.

sichtigt (leicht – mittel – schwer). Nur die Borderline-Persönlichkeitsstörung bleibt als kategoriale Diagnose erhalten. Weiterhin wird der Krankheitsbegriff der „Transsexualität“ durch den Begriff der „Geschlechtsinkongruenz“ ersetzt und gilt – analog zur Homosexualität – nicht mehr als psychische Erkrankung, sondern wird im Kapitel „Bedingungen der sexuellen Gesundheit“ aufgeführt. Darüber hinaus werden die verschiedenen Autismusdiagnosen des ICD-10 im ICD-11 zur Autismus-Spektrum-Störung (ASS) zusammengefasst.

Das ICD dient in Europa und den anderen Mitgliedsländern der WHO als Grundlage für die Diagnostik psychischer Störungen. In den USA wird dazu parallel das DSM-5 zur Diagnostik psychischer Erkrankungen verwendet. Das DSM ist das von der American Psychiatric Association (APA) herausgegebene „Diagnostic and Statistical Manual of Mental Disorders“. Es liegt aktuell in der 5. Edition vor und wird, ebenso wie das ICD, permanent in Reaktion auf wissenschaftliche Erkenntnisse über Kategorisierung, Ätiologie und Behandlung psychischer Erkrankungen weiterentwickelt und überarbeitet. Auch in der internationalen Forschung wird häufig auf das DSM zurückgegriffen. Die Diagnosekriterien einzelner psychischer Erkrankungen können leicht zwischen beiden Klassifikationssystemen variieren, insbesondere in Bezug auf die zeitlichen Aspekte, d. h., wie lange eine Symptomatik bestehen muss, damit die Diagnose gestellt werden kann.

Im Gegensatz zur Humanpsychiatrie, die sich auf über 150 Jahre systematischer, wissenschaftlicher Forschung zu den Ursachen und Therapiemöglichkeiten für psychische Erkrankungen stützt, gibt es für Säugetiere keine allgemein anerkannte entsprechende Klassifikation psychischer Erkrankungen. Obwohl viele Säugetiere, u. a. auch Hunde, als Modellorganismen dienten, um an ihnen die Ursachen psychischer Erkrankungen und mögliche Behandlungsmethoden zu erforschen, und diese Erkenntnisse erfolgreich auf den Menschen übertragen werden konnten[23], besteht eine gewisse, historisch gewachsene Scheu davor, umgekehrt Erkenntnisse aus der Humanpsychiatrie und Psychotherapie auf Tiere zurück zu übertragen. Diese Sorge vor einer „Vermenschlichung“ anderer Säugetierarten ist vor dem Hintergrund des gewachsenen Verständnisses über die biologischen und lerntheoretischen Ursachen psychischer Erkrankungen nicht unbedingt begründet. Auch in der neurowissenschaftlichen, pharmakologischen und verhaltensbiologischen Forschung zu psychischen Erkrankungen bei Säugetieren wird sich an den Leitsymptomen, die im ICD bzw. DSM beschrieben sind, orientiert und es werden analoge Begrifflichkeiten wie „Phobie“, „Depression“, „Zwangsstörung“ oder „Posttraumatische Belastungsstörung“ verwendet. Daher werden die Symptome der wichtigsten psychischen Erkrankungen bei Hunden ab Seite 110 ff. in Anlehnung an ICD und DSM-5 beschrieben.

URSACHEN PSYCHISCHER STÖRUNGEN

Um psychische Störungen erfolgreich behandeln zu können und sinnvolle Maßnahmen zur Prävention zu entwickeln, muss man sich mit deren Ursachen auseinandersetzen. Die Ätiologie ist die Lehre von den Ursachen einer Krankheit.

Woher kennen wir die Ursachen psychischer Störungen?

Um zu verstehen, wie vielfältig und komplex die Entstehungsbedingungen für psychische Störungen sind, werfen wir einen Blick auf die Forschungsmethoden, mit deren Hilfe wir ihnen auf die Spur gekommen sind.

---

23 › Z. B. Modell der erlernten Hilflosigkeit (Seligman & Maier), Klassische Konditionierung (Pawlow), Canine Cognitive Dysfunction (CCD) als Modell für die Alzheimer-Demenz.

Anatomie und Neurochirurgie

Philosophen wie Leibniz, Rousseau, Goethe, Voltaire und Schopenhauer vertraten seit dem 17. Jahrhundert die Position, dass der Unterschied zwischen der Seele (Psyche) von Menschen und höheren Tieren nur graduell sei. Leibniz und Rousseau verglichen sowohl den tierischen als auch den menschlichen Körper mit Maschinen, die analog aufgebaut sind und gleiche Eigenschaften haben[24].

Ende des 19. Jahrhunderts wurden bisherige philosophische und religiöse Konzepte der Seele (Psyche) und damit auch der innerseelischen Vorgänge dann auch durch den wissenschaftlichen Fortschritt infrage gestellt. Durch anatomische Studien am Gehirn wurden wichtige erregende und hemmende Leitungsbahnen entdeckt und deren Funktion durch die Beobachtungen an Patienten, bei denen bestimmte Hirnareale durch Verletzungen oder Infarkte zerstört waren (Läsionen), identifiziert. So beschrieb im Jahr 1874 der Arzt Wernicke das sensorische Sprachzentrum im Gehirn, dessen Beschädigung dazu führt, dass die Patienten Sprache nicht mehr verstehen und angemessen verwenden, obwohl sie noch sinn- und zusammenhangslos sprechen können (Wernicke-Aphasie).

Beginnend mit dem 1. Weltkrieg wurde in der Neurochirurgie viel an jungen und ansonsten gesunden Patienten mit eng begrenzten Hirnverletzungen durch Schusswunden geforscht, wodurch viele Hirnregionen bestimmten psychischen Funktionen zugeordnet werden konnten (z. B. Motorik, Gesichtserkennung, räumliche Aufmerksamkeit). Neurochirurgische Läsionsstudien wurden und werden bis heute ebenfalls in Tierexperimenten durchgeführt, wobei gezielt bestimmte Hirnareale dauerhaft oder vorübergehend ausgeschaltet

---

24 › Vgl. Habicht, M. (2004). Untersuchung auf Wechselwirkungen zwischen philosophischen Ansichten und landwirtschaftlicher Tierhaltung in Altertum, Mittelalter und Neuzeit im heutigen mitteleuropäischen Kulturkreis. Doktorarbeit.

werden, um die Veränderungen im Erleben und Verhalten zu beobachten und daraus auf die Funktion der Netzwerke zu schließen. Diese Läsionsstudien wurden vergleichend auch bei menschlichen Patienten durchgeführt, oft im Rahmen von Hirnoperationen, bei denen die Patienten wach sind, sodass man mit ihnen kommunizieren und sie über ihr Erleben befragen kann. Außerdem besteht auch bei Menschen die Möglichkeit, ohne Eingriff ins Gehirn gezielt Hirnregionen vorübergehend auszuschalten oder zu stimulieren (Transkranielle Magnetstimulation, TMS). Daher wissen wir heute, dass Menschen und Tiere über analoge Hirnstrukturen mit ähnlichen Funktionen verfügen, welche bei Menschen und Säugetieren das hervorbringen, was wir als „Psyche" (griech. „Seele") bezeichnen.

Die Evolutionsbiologie und die Neurobiologie zeigen uns, dass sich die Hirnstrukturen und deren Funktionen und Fehlfunktionen bei Säugetieren im Lauf der Evolution entwickelt haben und nicht erst beim Menschen spontan entstanden sind.

Histologie

Weiteren Aufschluss über den Bau und die Funktion des Nervensystems gaben Experimente des Neurologen Cajal Ende des 19. Jahrhunderts. Er färbte Nervengewebe mithilfe der Golgi-Methode ein und erkannte, dass das Nervensystem aus einzelnen Zellen aufgebaut ist und nicht, wie man damals dachte, ein kontinuierliches Netz bildet. Derartige histologischen [25] Studien, bei denen Nervenzellen unter dem (Elektronen-)Mikroskop genau betrachtet werden, haben uns in neuerer Zeit Erkenntnisse vermittelt über die Art der Neurotransmitter, mit denen Netzwerke im Gehirn kommunizieren, und die Rezeptoren sowie deren Dichte und Verteilung, an die diese Neurotransmitter binden. Wir können so Veränderungen in den

25 › Histologie: Lehre von den Geweben.

Nervenzellen sichtbar machen, die neurologische und psychische Erkrankungen auslösen. Bei der Alzheimer-Demenz beim Menschen lagern sich beispielsweise amyloide Plaques (Proteinfragmente) in den Zellen ab und zerstören diese, ebenso beim dementen Hund (Canine cognitive dysfunction – CCD). Bestimmte Dopaminrezeptorvarianten erhöhen das Risiko für die Entwicklung einer Suchterkrankung bei Menschen und Säugetieren und Anpassungen der Rezeptordichte führen zur Toleranzentwicklung im Verlauf der Erkrankung, sodass die Dosis von Substanzen gesteigert bzw. das Suchtverhalten intensiviert werden muss. Der Untergang der Nervenzellen, die das Neuropeptid Orexin (Hypokretin) bilden, führt zur Narkolepsie, bei der die betroffenen Hunde und Menschen anfallsartige Schlafattacken erleben. Histologische Untersuchungen tragen also einen wichtigen Teil dazu bei, dass wir die biologischen Ursachen psychischer Störungen heute besser verstehen.

Psychopharmakologie

Ein weiterer wichtiger Forschungszweig beschäftigt sich mit den Wirkungen verschiedener psychoaktiver Substanzen auf das Erleben, Verhalten und die Hirnaktivität. Mithilfe moderner histologischer und bildgebender Verfahren (MRT) können wir die Stellen im Gehirn lokalisieren, an denen diese Substanzen binden und die Veränderungen in der Hirnaktivität, aber auch die langfristige Anpassung von Rezeptoren und Neurotransmitterausschüttung (Neuroplastizität) während der Besserung der Symptomatik beobachten. So wissen wir seit der Entdeckung des ersten Neuroleptikums „Chlorpromazin“ und seiner Anwendung bei der Behandlung von Psychosen ab Mitte der 50er-Jahre des 20. Jahrhunderts, dass ein Überschuss des Neurotransmitters Dopamin eine wesentliche Ursache für akute Psychosen ist und eine bedeutende Rolle bei der Entwicklung einer Schizophrenie spielt – und nicht, wie bis dahin angenommen, der

Kommunikationsstil der Mutter des Patienten. Die Entdeckung weiterer psychoaktiver Substanzen und ihre Rolle in der Behandlung von beispielsweise affektiven Störungen (Manie, Depression), Angststörungen, neurotischen, Belastungs- und somatoformen Störungen (Zwangsstörungen), Störungen mit Beginn in der Kindheit und Jugend (ADHS) und Persönlichkeitsstörungen (Borderline) hat uns weitere Zusammenhänge zwischen Störungen im Neurotransmitterstoffwechsel und der Entwicklung psychischer Erkrankungen offenbart. Eine besondere Rolle für das psychische Gleichgewicht und die psychische Gesundheit spielen die Neurotransmitter Serotonin, Dopamin, Noradrenalin und GABA, auf die viele Psychopharmaka (und verbreitete Drogen wie Alkohol, Koffein und Nikotin) einwirken. Für Hunde gibt es diverse zugelassene Psychopharmaka, und ein großer Teil der Forschung findet an Tiermodellen statt, insbesondere an Nagern.

Genetik und Epigenetik

Gerade in den letzten Jahrzehnten hat auch die genetische Forschung einen großen Beitrag zum Verständnis der Entstehung psychischer Erkrankungen beitragen können. Varianten von Genen, die die Baupläne für verschiedene Dopaminrezeptortypen tragen (insb. aus der D1- und D2-Rezeptorfamilie), stehen in Zusammenhang mit der Reaktion auf Belohnung und der Entwicklung von Suchterkrankungen. Aggression steht u. a. in Zusammenhang mit dem DRD4-Gen[26], dem MAOA-Gen[27] und dem COMT-Gen[28]. Viele psychische Erkran-

26 › Gen mit dem Bauplan für den D4-Dopaminrezeptor.

27 › Gen für das Enzym Monoaminooxidase A; dieses Enzym spielt eine wichtige Rolle beim Abbau von Neurotransmittern wie Dopamin, Noradrenalin und Serotonin.

28 › Gen für das Enzym Catechol-O-Methyltransferase; dieses Enzym spielt eine wichtige Rolle beim Abbau von Neurotransmittern wie Dopamin, Adrenalin und Noradrenalin.

kungen treten innerhalb bestimmter Familienlinien gehäuft auf. Adoptions- und Zwillingsstudien geben weiteren Aufschluss über den Anteil genetischer Varianten an der Entstehung bestimmter psychischer Erkrankungen. Vielfach zeigt sich jedoch, dass ungünstige Genvarianten allein nicht ausreichend sind, um die Entstehung psychischer Störungen zu erklären, sondern dass sie erst in Interaktion mit ungünstigen Umweltbedingungen (z. B. körperlichem oder emotionalem Missbrauch) wirksam werden.

Auch der Einfluss epigenetischer Effekte[29] tritt erst in Interaktion mit bestimmten Umweltbedingungen zutrage. So wirkt sich beispielsweise das frühe mütterliche Fürsorgeverhalten (Lecken) lebenslang auf die Aktivität von Genen aus, die eine wichtige Rolle bei der Stabilisierung des Stresssystems spielen.

Bildgebende Verfahren und EEG

Eine weitere Möglichkeit zur Erforschung psychischer Erkrankungen, die sich erst in den letzten Jahrzehnten eröffnet hat, ist durch die bildgebenden Verfahren, insbesondere durch die funktionale Magnetresonanztomografie (fMRT) und die Positronen-Emissions-Tomografie (PET) entstanden. Damit eröffnet sich ein Fenster, durch das wir das lebende, erkrankte Gehirn bei der Arbeit beobachten können. Bei beiden Verfahren entstehen bunte Hirnschnittbilder, die auch räumlich als 3-D-Modell dargestellt werden können. Die bunten Farben geben Aufschluss darüber, wo im Gehirn gerade viel Zucker bzw. Sauerstoff verbraucht wird, d. h. welche Hirnareale besonders aktiv sind. So sehen wir beispielsweise bei der Konfrontation von Patient:innen mit einem phobischen Reiz (Spinne) eine erhöhte

---

29 › Epigenetik befasst sich mit der Untersuchung der Veränderung von Genaktivität (Hoch- und Runterregulation von Genen), die nicht auf Veränderungen der DNS-Sequenz selbst beruhen, sondern auf Umweltbedingungen und Lebensstil.

Aktivität in der Amygdala[30], nicht aber bei neutralen Reizen (Vogel). Bei Depressionen, die, neben anderen Symptomen, mit maladaptiven und lang anhaltenden emotionalen Reaktionen auf Stressoren einhergehen, sehen wir u. a. eine reduzierte Aktivität im linken dorsolateralen präfrontalen Cortex (dlPFC)[31], wenn die Patient:innen negativen Reizen ausgesetzt werden. Auch Hunde können mittlerweile bei vollem Bewusstsein mittels fMRT untersucht werden. Wichtige Bedingungen sind jedoch, dass sie während der gesamten Messung absolut ruhig liegen und die lauten Geräusche des MRT sowie die Enge in der Röhre gut tolerieren können. Gerade die dafür notwendige Kooperationsbereitschaft, Trainierbarkeit und Umweltsicherheit ist bei psychisch erkrankten Hunden oft nicht gegeben.

Neben den bildgebenden Verfahren spielen auch EEG-Untersuchungen bei neurologischen und psychischen Erkrankungen eine Rolle. So können beispielsweise Schlafstörungen mithilfe von EEG-Untersuchungen erforscht werden, ebenso wie epileptische Anfälle.

Lernpsychologie

Schon seit der Entdeckung der klassischen Konditionierung durch Pawlow an Hunden, den Experimenten von Skinner zur operanten Konditionierung an Tauben und Ratten und der Entdeckung des Konzeptes der erlernten Hilflosigkeit durch Seligman und Maier bei Hunden spielen lernpsychologische Experimente an Tieren eine wichtige Rolle beim Verständnis der Ätiologie psychischer Erkrankungen. Viele psychische Erkrankungen zeichnen sich durch Symptome aus, die erlernt wurden.

---

30 › Die Amygdalae (Mandelkerne) sind stark beteiligt an der Entstehung von Emotionen wie Angst und Wut.

31 › Der dlPFC ist eingebunden in Arbeitsgedächtnis, Planung, Problemlösung, Entscheidungsfindung (emotional vs. rational) und Steuerung von Verhalten (Unterdrückung von automatischem Verhalten, um zielgerichtet handeln zu können).

Im Rahmen der klassischen Konditionierung können neben physiologischen Reaktionen wie Speichelfluss und einfachen Schutz- und Abwehrreflexen auch Emotionen wie Angst und Wut, psychische Erregungszustände und das *Verlangen*, ein bestimmtes Verhalten auszuführen („Craving" im Rahmen von Suchterkrankungen) an bestimmte Auslösereize gebunden werden („Trigger"). Diese Reize waren vor den Erfahrungen, die der Hund damit gesammelt hat, neutral, wie beispielsweise die Hundewiese. Nach den Erfahrungen, z. B. dem Angriff eines anderen Hundes bzw. wiederholtes und ausgedehntes Ballspielen, die Gefühle wie Angst bzw. das intensive Verlangen zu hetzen auslösen, wird der vormals neutrale Ort zu einem konditionierten Reiz. Schon das Betreten der Wiese kann jetzt Angst auslösen bzw. das intensive *Verlangen* zu hetzen. Diese klassische Konditionierung kann durch „Löschung" im Rahmen der Verhaltenstherapie wieder verlernt werden.

Viele Verhaltensweisen, die Hunde mit psychischen Störungen zeigen, z. B. aggressives, stereotypes, suchtartiges oder Vermeidungsverhalten, sind operant konditioniert. Diese Verhaltensweisen werden aufgrund bestimmter situativer Auslösereize gezeigt und haben regelmäßig verstärkende Konsequenzen, z. B. das Nachlassen innerer Anspannungszustände und unangenehmer Emotionen wie Angst und Wut (Erleichterung), das Nachlassen von Langeweile und das Erleben angenehmer Erregungszustände (Selbststimulation, Suchtverhalten), Kontrolle über Ressourcen und soziale Interaktionen, Vermeiden von vermeintlichen Bedrohungen (Sicherheit), Gewinn von Status und Selbstwirksamkeit (Selbstwertstärkung) sowie sekundäre Verstärker wie Aufmerksamkeit und Zuwendung durch die Halter:innen. In diesem Sinne sind Symptome oft als Lösungsversuche des Organismus zu betrachten, die einen hohen Preis fordern. Hätte das Individuum jedoch eine bessere Alternative für sich gefunden, würde es diese nutzen. An dieser Stelle setzen wir in der Verhaltenstherapie an, indem wir die Funktion des Verhaltens im Rahmen der Diagnostik in einer Verhaltensanalyse herausarbeiten und eine Verhaltensalternative erarbeiten, die die zugrunde liegenden Bedürfnisse ebenfalls befriedigt, aber kein oder weniger gravierendes Leid verursacht.

Auch das Modelllernen spielt eine Rolle, insbesondere bei der Entwicklung von Symptomen auf der Verhaltensebene wie stereotypes oder selbstverletzendes Verhalten, Suchtverhalten und Interaktionsstörungen. Das Individuum schaut sich bei wichtigen Sozialpartnern ab, wie man mit inneren Spannungen umgeht, Emotionen reguliert oder Konflikte löst. Zeigen die Modelle dysfunktionales Verhalten, wird dieses oft übernommen.

Als letztes Beispiel spielt bei der Entwicklung von Depressionen und Traumafolgestörungen das Konzept der erlernten Hilflosigkeit eine wichtige Rolle, das die Antriebslosigkeit und Freudlosigkeit der Patient:innen erklärt sowie ihre mangelnden Versuche, sich durch adaptives Verhalten den aktuellen Umweltbedingungen anzupassen und dadurch eine Verbesserung der Stimmung zu erzielen, indem sie z. B. die Gelegenheit zu positiven sozialen Interaktionen nicht wahrnehmen und keine Dinge tun, die ihnen Spaß machen würden (Verstärkerverlust).

Ursachen psychischer Störungen in der Ontogenese

Die Ontogenese beschreibt die Individualentwicklung eines Organismus von der Entstehung bis zum Tod. Einflüsse, die den Organismus schädigen und sich auf die Entwicklung psychischer Erkrankungen auswirken können, können in allen Entwicklungs- und Lebensphasen auftreten.

In der pränatalen Phase wirken sich v. a. genetische Schädigungen (Mutationen) und Teratogene aus, d. h. Substanzen oder andere Einflüsse, die beim sich entwickelnden Organismus Fehlbildungen oder Schädigungen auslösen können. Sie können chemischer Natur sein

(Schwermetalle, Dioxine[32], Tabakrauch, Medikamente), physikalischen (Strahlung) oder biologischen (Infektionen) Ursprungs. Mit steigender Dosis steigt das Risiko für Schädigungen. Die Art der Schädigung hängt vom Zeitpunkt der Einwirkung ab, da das Gehirn im Verlauf der pränatalen Entwicklung unterschiedliche Phasen durchläuft. Frühe Einwirkungen führen eher zu Missbildungen und Fehlgeburten, während spätere Einflüsse auch die sich entwickelnden neuronalen Netzwerke schädigen können. Individuen unterscheiden sich in ihrer Anfälligkeit für bestimmte Teratogene, und häufig treten Sleeper-Effekte auf, d. h., der Organismus entwickelt sich nach der Geburt zunächst unauffällig und Symptome und Einschränkungen treten erst später im Entwicklungsverlauf zutage. Besonderes Augenmerk sollte auf die Stressbelastung der Schwangeren gelegt werden, da massiver Stress und Traumata sich auf die Entwicklung des Stresssystems des ungeborenen Organismus auswirken können. Da die ungeborenen Welpen über die Nabelschnur mit dem mütterlichen Blutkreislauf verbunden sind, wirken mütterliche Stresshormone auch auf die sich entwickelnden Nervensysteme der Föten ein.

Während der Geburt sind es vor allem Geburtskomplikationen, die sich ungünstig auswirken können, z. B. Sauerstoffmangel, Medikamente, das Steckenbleiben im Geburtskanal und Kaiserschnitt, bei anschließenden Schwierigkeiten der Mutter, die Welpen anzunehmen und eine Bindung aufzubauen.

Nach der Geburt kommen alle medizinischen, sozialen und psychologischen Einflussfaktoren hinzu, die sich lebenslang auf die Entwicklung psychischer Erkrankungen auswirken können. Diese wurden im bio-psycho-sozialen Krankheitsmodell zusammengefasst.

---

32 › Kohlenwasserstoffverbindungen, die bei Verbrennungsprozessen und in der industriellen Produktion als Abfallprodukte entstehen. Sie können u. a. im Boden, in der Luft, im Wasser, in Fleisch und in der Muttermilch nachgewiesen werden.

Bio-psycho-soziales Krankheitsmodell

Das bio-psycho-soziale Krankheitsmodell wurde in Abgrenzung zum bio-medizinischen Krankheitsmodell 1977 vom Psychiater Engel aufgestellt und ist heute eins der wichtigsten international anerkannten Modelle, um die Entstehung psychischer Erkrankungen zu verstehen. Nach diesem Modell werden psychische Erkrankungen durch eine individuelle, dynamische Interaktion von biologischen, sozialen und psychologischen Faktoren bedingt und ausgelöst. Aufgabe der Anamnese und Diagnostik ist es, diese individuellen Faktoren beim Patienten zu identifizieren und ihre Dynamik zu verstehen.

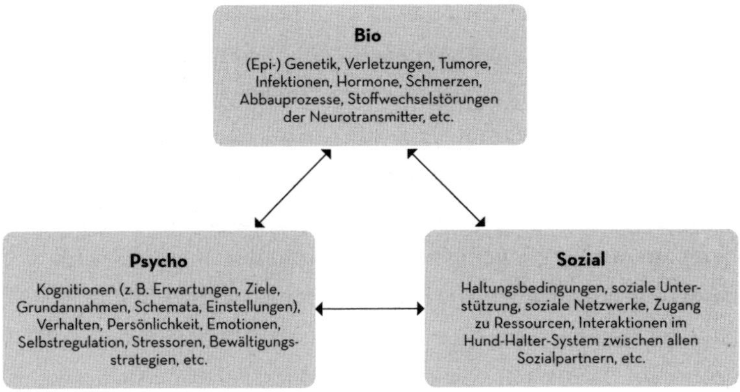

Das bio-psycho-soziale Krankheitsmodell im Überblick

Transaktionales Stressmodell von Lazarus

Stress ist an der Entstehung, Auslösung und Aufrechterhaltung vieler psychischer Erkrankungen beteiligt. Lazarus und Folkman haben 1984 daher ein Stressmodell vorgestellt, das die Interaktion zwischen Stressor und Organismus beschreibt. Nach dem Modell wird die Stressreaktion wird durch die subjektive Verarbeitung des Individuums beeinflusst.

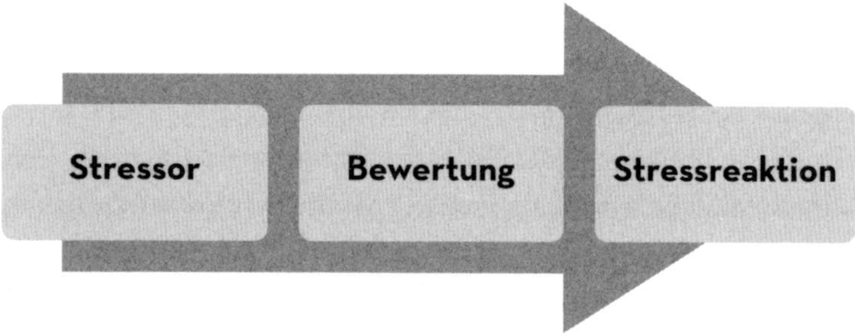

Die Stufen des transaktionalen Stressmodells

Wahrnehmungsfilter

Umweltreize werden zunächst auf der Ebene der Wahrnehmung gefiltert. Erwartungen, die aktuelle Bedürfnislage, Lernerfahrungen wie Habituation[33] und Sensitivierung[34], biologische Prädispositionen und soziale Rollen beeinflussen, welchen Reizen überhaupt Aufmerksamkeit geschenkt wird und welche herausgefiltert werden.

Wenn ein Hund mit Schussangst in einem Waldgebiet spazieren geht, in dem in der Vergangenheit häufiger geschossen wurde, wird er in Erwartung entsprechender Geräusche stärker auf alle möglichen Arten verdächtiger Geräusche reagieren und möglicherweise schreckhafter sein. Wenn ein Hund hungrig oder durstig ist oder gerade einen ausgeprägten Wunsch nach sozialer Zuwendung hat, und wenn er dann das Gewünschte vor sich sieht, bemerkt er durch die Ablenkung möglicherweise Reize wie einen anderen Rüden nicht, die sonst eine Stressreaktion bei ihm auslösen würden. Wenn ein Hund gut an seine Umwelt gewöhnt ist (Habituation), machen ihm vorbeifahrende Autos nichts aus, er beachtet sie gar nicht. Wurde ein Hund gera-

33 › Abnahme der Reaktionsstärke auf einen wiederholt dargebotenen, bedeutungslosen bzw. harmlosen Reiz (Berührung, leises Geräusch).

34 › Zunahme der Reaktionsstärke auf einen wiederholt dargebotenen, intensiven Reiz (lautes Geräusch, Schmerz).

de von einem Kind mit einem Roller angefahren, ist er möglicherweise eine Zeitlang besonders aufmerksam bei der Annäherung von rollenden Objekten wie Skateboards, Inlinern und Schubkarren (Sensitivierung). Während ein Labrador gemütlich im Garten in der Sonne döst und die Schritte gar nicht hört, bemerkt der Hovawart aufgrund seiner Rassedisposition jeden Spaziergänger, der am Grundstück vorbeigeht. Ein Rüde, der mit seiner Hündin unterwegs ist, reagiert auf die Annäherung fremder Hunde in ihrer Gegenwart mit einer Stressreaktion, während er andere Hunde gar nicht beachtet, wenn er alleine mit seinem Menschen unterwegs ist.

Primäre Bewertung

Nachdem der Wahrnehmungsfilter passiert wurde, wird eine primäre Bewertung des Reizes vorgenommen. Dabei wird die Situation auf ihr Stresspotential abgeschätzt. Diese Bewertung kann zu drei Ergebnissen führen:

1. Die Situation oder ein Reiz werden als positiv für den Organismus wahrgenommen.
2. Die Situation oder der Reiz werden als neutral, d. h. als irrelevant eingestuft und nicht weiter beachtet.
3. Die Situation oder der Reiz sind potenziell stresserzeugend. Es kommt zu einer weiteren Bewertung, bei der sich entscheidet, ob das Individuum sie als Herausforderung, Bedrohung oder als bereits eingetretene Schädigung wahrnimmt.

In der Küche eines Haushaltes mit vier Hunden fällt ein Topfdeckel herunter. Während die Dackeldame dies als irrelevant einstuft, kommt der Labrador in die Küche gerannt, da das Geräusch ähnlich wie der Futternapf klingt. Der Border Collie bewertet das Geräusch als potenziell bedrohlich und für den Sheltie, der von dem Topfdeckel versehentlich getroffen wurde, ist die Schädigung bereits eingetreten und ebenfalls potenziell stresserzeugend.

Sekundäre Bewertung

Auf dieser Ebene schätzt das Individuum ein, ob es mit dem Stressor umgehen und die Situation mittels eigener Fähigkeiten und Ressourcen bewältigen kann (Coping). Erst, wenn es zu dem Schluss kommt, dass diese nicht ausreichen, kommt es zu einer Stressreaktion. Anschließend werden Strategien zur Stressbewältigung (Copingstrategien) entwickelt, die sowohl von der Situation als auch vom Individuum abhängig sind und in zwei Gruppen eingeteilt werden können.

BEIM PROBLEMORIENTIERTEN COPING wird versucht, sich durch aktives Handeln mit dem Stressor oder der Situation auseinanderzusetzen und sie dadurch zu verbessern. Dadurch steigt häufig zunächst die Erregung und die emotionale Belastung. In der Folge ist die Situation dann jedoch angenehmer und der Stressor beseitigt, sodass das Individuum sich wieder entspannen und die Stressreaktion herunterfahren kann.

Wenn es beispielsweise zu einem sozialen Konflikt kommt, dann kann es zunächst belastend sein, sich der Auseinandersetzung und Klärung zu stellen. Sind danach jedoch die Fronten geklärt, können sich beide Parteien entspannen und durch soziopositives Verhalten ihre Beziehung und ihre Stimmung wieder verbessern.

Nachdem der Topfdeckel herunterfiel, könnte der Border Collie nachschauen gehen, wodurch das Geräusch verursacht wurde. Vermutlich würde zunächst die Angst und Erregung ansteigen, dann aber schnell der Erleichterung weichen, wenn er sich davon überzeugt, dass der Topfdeckel jetzt harmlos ist. Der getroffene Sheltie könnte sich dagegen an den Halter wenden und soziale Unterstützung und Trost einfordern und sich so versichern, dass es keinen Konflikt auf der Beziehungsebene zwischen ihnen gibt und er nicht gemeint war.

BEIM EMOTIONSORIENTIERTEN COPING wird dagegen versucht, unangenehme Emotionen und Erregung zu regulieren, häufig indem eine Form von Vermeidungsverhalten gezeigt wird. Es findet also keine aktive Auseinandersetzung mit dem Stressor statt, die die Situation des Individuums objektiv verbessern würde. Um die Anspannung und unangenehme Emotionen zu regulieren, werden diese ausagiert (Wutausbruch), umgelenkt (Ablenkung) oder der Bezug zur Situation verändert (Verleugnung, Dissoziation). Dies führt jedoch dazu, dass sich an der Situation selbst nichts ändert, sodass die Stressreaktion immer wieder auftritt, sowie das Individuum mit der Situation erneut konfrontiert wird. Gelegentlich führen diese Copingstrategien sogar zu zusätzlichem Stress, da Sozialpartner sich dadurch belastet fühlen und entsprechend reagieren. Dies kann zu chronischem Stress führen. Nutzt ein Individuum häufig emotionszentrierte Copingstrategien, kann das einen Risikofaktor für die Entstehung und Aufrechterhaltung psychischer Erkrankungen darstellen.

In einem sozialen Konflikt würde das Individuum beispielsweise versuchen, sich der Situation zu entziehen, ohne seine Grenzen oder berechtigte Bedürfnisse auszudrücken und durchzusetzen. Oder es würde vielleicht – statt auf sozial kompetente Konfliktlösungsstrategien zurückzugreifen – einen Wutausbruch zeigen. Der Konflikt und die unerfüllten Bedürfnisse bleiben dadurch jedoch bestehen und führen zu chronischem Stress und Anspannung, die dann z. B. durch Deckennuckeln (stereotypes Verhalten) kompensiert werden.

Flieht der Border Collie vor dem klappernden Topfdeckel unter die Couch und bleibt dort zitternd liegen, wird er beim nächsten lauten Geräusch wieder in Stress geraten. Je nachdem, wie ungeschickt sein Halter oder wie laut der Haushalt im Allgemeinen ist, könnte dies zu häufigen Angstreaktionen und chronischem Stress führen. Beißt der Sheltie als Reaktion auf den Treffer mit dem Topfdeckel seinen Halter, reguliert das zwar sehr schnell die Anspannung, führt aber vermutlich zu einem akuten Konflikt mit seinem Menschen und belastet kurz- und langfristig ihre Beziehung.

Neubewertung

In dieser letzten Phase bewertet das Individuum den Erfolg seiner Copingstrategie, um daraus für zukünftige Situationen zu lernen. Möglicherweise hat der Hund in der Auseinandersetzung mit dem Reiz diesen als harmlos bewertet und erlebt ihn daher später nicht mehr als Stressor, d. h., er wird in weiteren Begegnungen als irrelevant eingestuft. Vielleicht war die Copingstrategie im Umgang mit einer belastenden Situation so erfolgreich, dass solche Situationen in Zukunft keinen Stress mehr auslösen, da sich der Hund seiner Fähigkeiten, damit umzugehen, sicher geworden ist (gestiegene Selbstwirksamkeitserwartung).

Der Hund könnte jedoch auch im Gegenteil gemerkt haben, dass Copingstrategien, die früher vielleicht einmal erfolgreich waren, plötzlich nicht mehr funktionieren, wodurch Situationen und Reize in Zukunft Stress auslösen, die früher irrelevant waren. Zumindest so lange, bis es dem Hund gelingt, neue Copingstrategien zu entwickeln. Dies geschieht z. B., wenn der Mensch sein Verhalten ändert und der Hund sich anpassen muss. Die Entwicklung von geeigneten Copingstrategien im Umgang mit belastenden Situationen und Reizen ist ein zentrales Kernstück der Verhaltenstherapie.

Salutogenese-Modell

Das Salutogenese-Modell von Antonovsky konzentriert sich nicht darauf, wie Krankheiten entstehen, sondern wie Gesundheit erhalten bleibt. Antonovsky beschreibt den „sense of coherence“ (Koherenzgefühl) als wesentlichen Einfluss auf die Resilienz, die Fähigkeit des Organismus, trotz widriger Bedingungen gesund zu bleiben. Sein Modell hilft uns u. a. zu verstehen, weshalb manche Individuen belastende und traumatische Bedingungen ohne langfristig negative Folgen überstehen und teilweise sogar gestärkt daraus hervorgehen, während andere Traumafolgestörungen entwickeln.

Der Sense of Coherence umfasst drei Aspekte:

1. Die Anforderungen werden als **strukturiert**, **vorhersagbar** und **erklärbar** erlebt.
2. Das Individuum hat die subjektive Gewissheit, dass die **Ressourcen** (z. B. kognitive Kapazität, Zeit, Erfahrung) verfügbar sind, die nötig sind, um die Herausforderung zu bewältigen.
3. Das Individuum erlebt die Anforderungen als **sinnhafte Herausforderungen**, die **Engagement** verdienen.

Wenn ein Border Collie, der in Berlin geboren wurde und aufgewachsen ist und im Rahmen einer Wanderung mit Wildcamping plötzlich eines Nachts in Anatolien in einer Schafherde aufwacht und sich einem Wolfsangriff gegenübersieht, wird er die Situation vermutlich nicht als erklärbar, vorhersagbar und strukturiert erleben. Er wird auch nicht das Gefühl haben, dass er die Ressourcen und Fähigkeiten hat, mit der Situation fertig zu werden. Darüber hinaus dürfte es ihm auch wenig sinnhaft erscheinen, diese fremde Schafherde mit seinem Leben zu verteidigen. Er wird die Situation vermutlich als stressig und überfordernd erleben und vielleicht in der Folge eine Angststörung entwickeln. Der in der Herde sozialisierte anatolische Herdenschutzhund bewertet die Situation anders. Wolfsangriffe sind ihm nicht fremd, er kennt die Abläufe, die Situation erscheint ihm weitgehend erklärbar und das Verhalten seiner Gegner vorhersagbar. Aus vergangenen Auseinandersetzungen weiß er, dass er über Copingstrategien verfügt, um dem Angriff effektiv zu begegnen und die Schafe zu schützen. Außerdem erscheint es ihm aufgrund seiner genetischen Disposition (Rasse) und seiner Sozialisation sinnhaft, diese Schafe zu verteidigen, und er wird sich dementsprechend engagieren, um die Situation zu bewältigen. So aufgestellt, besteht für ihn nur ein geringes Risiko, dass er langfristig psychische Folgeschäden aufgrund des Angriffs entwickelt.

SYMPTOME DER WICHTIGSTEN PSYCHISCHEN STÖRUNGEN BEIM HUND

Zu erkennen, dass überhaupt eine psychische Störung vorliegt, ist der erste Schritt. Um jedoch die passende Behandlungsmethode finden zu können, ist es wichtig, die Störung noch genauer zu diagnostizieren. Im Laufe der letzten Jahrzehnte wurden unzählige wissenschaftliche Studien zur Wirksamkeit verschiedener psychotherapeutischer Methoden für die unterschiedlichen psychischen Erkrankungen veröffentlicht. Dadurch kennen wir heute wirksame psychotherapeutische Strategien. Um das passende Verfahren auszuwählen, müssen wir die zugrunde liegende Störung und deren innere Dynamik zunächst verstehen, d. h., wir müssen eine Diagnose stellen.

Fällt zum Beispiel auf, dass ein Patient unter starken Stimmungsschwankungen leidet, vom Gefühl innerer Leere und starken Anspannungszuständen gequält wird, die sich regelmäßig in zwischenmenschlichen Konflikten und selbstverletzendem Verhalten entladen, wenn derjenige darüber hinaus zu intensiven, aber unbeständigen Beziehungen und zu impulsiven Handlungen neigt, dann könnten wir zu der Diagnose einer emotional instabilen Persönlichkeitsstörung vom Borderline-Typ kommen. Dafür wurde die dialektisch-behaviorale Therapie entwickelt (DBT[35]), deren Methoden sich zur Behandlung der Borderline-Persönlichkeitsstörung als effektiver erwiesen haben als die der klassischen kognitiven Verhaltenstherapie.

---

35 › Die DBT wurde von Marsha Linehan in den 80er-Jahren entwickelt, basierend auf der Verhaltenstherapie unter Einbeziehung von Achtsamkeitstraining; der Schwerpunkt der DBT liegt auf der Verbesserung der Emotions- und Anspannungsregulation (Skillstraining) und der sozialen Interaktion (soziales Kompetenztraining).

Die Diagnose wird nicht in Stein gemeißelt, sondern hat zu Beginn der Therapie oft noch den Charakter einer Hypothese, d. h. einer begründeten Vermutung. Darauf basierend wird eine Behandlungsstrategie entwickelt. Wenn während der Therapie neue Informationen auftauchen oder sich die gewählte Strategie als ungenügend wirksam erweist, dann sollten wir bereit sein, unsere Diagnose infrage zu stellen und gegebenenfalls zu korrigieren. Läuft dagegen in der Therapie alles gut und die Symptomatik verbessert sich durch die gewählte Therapiestrategie, dann ist es – zumindest für die Psychotherapie bei Hunden – nicht so wichtig, ob die Diagnose korrekt war. Es geht letztlich nicht darum, recht gehabt zu haben mit der eigenen Einschätzung der Probleme des Patienten, sondern darum, einen Weg zur Lösung dieser Probleme zu finden.

In diesem Kapitel werden wir uns in Anlehnung an das ICD-10 bzw. ICD-11 und das DSM-5 mit den Symptomen der wichtigsten psychischen Störungen befassen, die bei Hunden auftreten und verhaltenstherapeutisch behandelt werden können.

Angststörungen

Anders, als der Name vermuten lässt, werden in der klinischen Humanpsychologie und Psychiatrie unter dem Begriff der Angststörungen nicht alle psychischen Störungen erfasst, in deren Rahmen Ängste auftreten können. Die Angststörungen umfassen nur die **phobischen Störungen** sowie die **Panikstörung** und die **generalisierte Angststörung.**

Daneben gibt es noch die Kategorie der gemischten Angststörungen, beispielsweise mit depressiven Symptomen. Diese Restkategorie wird im ICD-10 nur verwendet, wenn die Ausprägung der einzelnen Aspekte der Störung nicht ausreicht, um eine eigenständige Diagnose stellen zu können, wenn beispielsweise sowohl Angst als auch depressive Symptome bestehen, beide jedoch nicht ausgeprägt genug sind für eine jeweils einzelne Diagnose[36] und keine Symptomatik deutlich überwiegt. Ansonsten würden beide Störungen diagnostiziert werden (Komorbidität[37]), insbesondere wenn sich die eine Störung deutlich vor der anderen entwickelt hat. Hat sich die Depression vor der Angststörung entwickelt, wird zunächst die depressive Episode diagnostiziert.

Trennungsangst gehört in der ICD-10 in die Kategorie der emotionalen Störungen des Kindes- und Jugendalters, kann jedoch ab ICD-11 auch bei Erwachsenen diagnostiziert werden und gehört dort in die Kategorie der Angststörungen. **Ängste infolge von kritischen Lebensereignissen und traumatischen Erfahrungen** werden bei den Belastungs- und Anpassungsstörungen erfasst.

Spezifische Phobien

Bei den spezifischen Phobien richten sich die Ängste auf **spezifische Situationen oder Reize**. Bei Kontakt mit dem phobischen Reiz bzw. der Situation kommt es zum subjektiven Gefühl von **Angst**, begleitet von entsprechender physiologischer Erregung, bis hin zum Auftreten von **Panikattacken** mit starken Erregungszuständen. Wie stark das Ausmaß der Angst ist, hängt u. a. von der Intensität der Konfrontation mit dem phobischen Reiz oder der phobischen Situation ab. Ein Mensch mit einer Schlangenphobie, der die Abbildung einer Schlange betrachtet, wird vielleicht schweißfeuchte Hände, trockenen Mund und leichte Gefühle von Unbehagen spüren, während eine Begegnung auf zwei Meter Entfernung in freier Wildbahn eine Panikattacke auslösen könnte. Genauso könnte ein Hund mit einer Tierarztphobie vielleicht deutliches Meideverhalten, Hecheln und erhöh-

---

36 › Es müssen jedoch weiterhin die allgemeinen Kriterien für das Vorliegen einer psychischen Erkrankung erfüllt sein.

37 › Komorbidität beschreibt das gleichzeitige Vorhandensein von zwei oder mehr Erkrankungen beim selben Individuum.

ten Herzschlag zeigen, wenn er Desinfektionsmittel riecht, während er beim Versuch, die Tierarztpraxis zu betreten, eine Panikattacke erleidet, mit deutlichem Fluchtverhalten, Urinieren und Schreien.

Wie stark das Ausmaß der Einschränkung und der Leidensdruck durch die Phobie sind, hängt davon ab, wie leicht Hund und Halter:in im Alltag dem phobischen Reiz oder der Situation ausweichen können (Vermeidungsverhalten). Viele Phobiker kommen lebenslang nicht in Behandlung, da sie im Allgemeinen die phobischen Reize oder Situationen vermeiden können und der Leidensdruck durch das Vermeidungsverhalten bzw. dessen Konsequenzen nicht ausgeprägt genug ist, um ausreichend Motivation für eine Therapie zu erzeugen.

Um die Diagnose der spezifischen Phobie (analog nach ICD-10[38]) stellen zu können,

- müssen die psychischen und physiologischen Symptome direkt auf das Gefühl der Angst zurückzuführen sein und nicht aufgrund anderer Symptome wie Zwänge oder Psychosen (Wahn) auftreten;
- muss die Angst begrenzt sein auf die Anwesenheit eines spezifischen Reizes oder einer Situation;
- muss der Patient Vermeidungsverhalten zeigen, wann immer dies möglich ist.

Nach Hamm[39] können die spezifischen Phobien noch weiter unterteilt werden:

- Umwelt-Typ (Stürme, Gewitter, Dunkelheit, Höhen, Wasser etc.) mit v. a. ausgeprägtem Vermeidungsverhalten
- Tier-Typ (Spinnen, Schlangen, Ratten, Würmer, Pferde etc.) mit v. a. sympathisch dominierter Reaktion (physiologische Erregung)

---

38 › Dilling, H., Mombour, W., Schmidt, M. H. (2022). Internationale Klassifikation psychischer Störungen. (10. überarb. Aufl.). Hogrefe.

39 › Hamm, A. (2006). Spezifische Phobien. In D. Schulte, K. Hahlweg, J. Margraf, W. Rief & D. Vaitl (Hrsg.), Fortschritte der Psychotherapie (Band 27). Hogrefe.

- Situativen Typ (Angst vor engen Räumen, Fahrstühlen, Tunneln, Autofahren, Tierarztpraxis etc.) mit v. a. kognitiven Symptomen wie Erwartungsangst
- Blut-Spritzen-Verletzungs-Typ (Anblick von Blut, medizinische Prozeduren etc.) mit biphasischer Reaktion (Erregung → Ohnmacht). Der letzte Typ geht typischerweise mit einem biphasischen Muster der physiologischen Reaktion einher. Es kommt zunächst zu einem Anstieg von Puls und Blutdruck (Aktivierung des Sympathikus), dann jedoch zu einem schnellen Abfall (biphasische vasovagale Reaktion), was zu Schwindel und Ohnmacht führen kann. Dies mag vielleicht die Ohnmachtsanfälle von Hunden beim Krallenschneiden erklären, die gelegentlich unter der Kategorie „Lustige Videos" auf sozialen Medien geteilt werden.

Soziale Phobie

Bei einer sozialen Phobie leidet ein Hund nicht unter der Angst vor Menschen. Das wäre eine „Menschenphobie", analog zur „Hundephobie" beim Menschen. Er leidet auch nicht an Angst vor anderen Hunden, sondern könnte sich im Gegenteil in einer größeren Hundegruppe frei bewegen, solange ihn niemand beachtet. Dagegen kann ein Patient mit „Hundephobie" sich nicht ohne massives Vermeidungsverhalten und eine ausgeprägte physiologische Stressreaktion in eine größere Gruppe von Hunden begeben, genauso wie ein Mensch mit einer „Spinnenphobie" nicht gelassen durch einen Raum mit einer größeren Anzahl frei laufender Spinnen gehen kann, auch wenn sie ihn gar nicht bemerken.

Die soziale Phobie richtet sich auf **Situationen, in denen der Patient** – oft schon in verhältnismäßig kleinen Gruppen – **im Mittelpunkt der Aufmerksamkeit von Fremden steht**, v. a., wenn prüfende oder kritische Bewertungen zu erwarten sind. Die Ängste können nur in spezifischen Situationen (Begrüßungssituationen in

einer Hundegruppe auf der Hundewiese) oder stärker generalisiert in fast allen sozialen Situationen auftreten. Typische Angstsymptome sind neben der physiologischen Stressreaktion (beschleunigte Atem- und Pulsfrequenz, Blutdruckerhöhung, Anspannung) das Vermeiden von Blickkontakt, Zittern, Übelkeit, Harndrang und der ausgeprägte Versuch, derartige Situationen zu vermeiden.
Um die Diagnose der sozialen Phobie (analog nach ICD-10) stellen zu können,

- müssen die psychischen und physiologischen Symptome direkt auf das Gefühl der Angst zurückzuführen sein und nicht aufgrund anderer Symptome wie Zwänge oder Psychosen (Wahn) auftreten;
- muss die Angst begrenzt sein auf soziale Situationen oder darin überwiegen;
- muss der Patient Vermeidungsverhalten zeigen, wann immer dies möglich ist.

Generalisierte Angststörung (GAS)

Bei der generalisierten Angststörung richtet sich die Angst nicht auf bestimmte konkrete Reize oder Situationen, sondern ist ein anhaltendes Gefühl, eine Art Grundrauschen, das die Patienten ständig begleitet und in vielen Situationen auftritt. Die Patienten zeigen alle Symptome von Angst:

- motorische Anspannung (Zittern, Anspannung der Muskulatur, Ruhelosigkeit),
- vegetatives Hyperarousal (Hecheln, erhöhte Atem- und Pulsfrequenz, Schwindel, Mundtrockenheit, Spannungskopfschmerz, Oberbauchbeschwerden) sowie
- Hypervigilanz (erhöhte Aufmerksamkeit i. S. von Überwachsamkeit mit Schreckhaftigkeit, erhöhter Reaktionsbereitschaft, Ein- und Durchschlafstörungen, Reizbarkeit, dauerhafter innerer Anspannung, Konzentrationsschwierigkeiten).

Bei Menschen, die, anders als Hunde, über ihr inneres Erleben berichten können, treten daneben als kognitives Symptom ständige Sorgen auf (furchtsame Erwartungen, Befürchtungen über zukünftige negative Ereignisse). Da auch Hunde in der Lage sind, die Konsequenzen von Ereignissen und Handlungen zu antizipieren, also in die Zukunft zu denken, ist das Auftreten von kognitiven Symptomen wie Sorgen und Befürchtungen zumindest nicht auszuschließen. Sie lassen sich jedoch in der Verhaltensbeobachtung nur schwer objektiv erschließen. Die Symptomatik der GAS wurde früher als „Angstneurose" bezeichnet. Oft besteht ein starkes Bedürfnis nach wiederholter Beruhigung und Rückversicherung, wobei die soziale Rückmeldung sich jedoch häufig als wenig wirksam erweist und nicht lange anhält.

Die Angstsymptome müssen über mehrere Wochen an den meisten Tagen der Woche gezeigt werden (nach ICD-10) bzw. müssen wenigstens einige der Symptome an der Mehrzahl der Tage über einen Zeitraum von sechs Monaten beobachtet worden sein (nach DSM-5).

Panikstörung

Bei einer Panikstörung kommt es **wiederholt und anfallsartig** zu schweren **Angstattacken** (Panikattacken) mit ausgeprägten vegetativen Symptomen (hoher Puls, Hitzewallungen bzw. Kälteschauer, Zittern, Brustschmerz, Atemnot, Beklemmungs- und Erstickungsgefühlen, Schwindel, Bauchbeschwerden) und ggf. psychischen Symptomen wie Entfremdungsgefühlen (Depersonalisation[40], Derealisation[41]) und Ohnmachtsgefühlen. Da sich Angst sowohl auf phy-

---

40 › Das Gefühl, etwas passiert nicht mir. Ich beobachte das Geschehen, als würde es einer anderen Person passieren. Es herrscht eine große erlebte Distanz zwischen „mir" und „dieser anderen Person", der das Erlebte geschieht.

41 › Das Gefühl, etwas passiert nicht wirklich, ähnlich wie das Ansehen eines Films.

siologischer als auch psychischer Ebene immer individuell äußert, können die Symptome von Individuum zu Individuum unterschiedlich sein, sind aber immer stark ausgeprägt (Panik).

Die Panikattacken treten **unerwartet und unabhängig von bestimmten Situationen und Auslösern** auf. Nach dem Auftreten erster Panikattacken entsteht schnell Erwartungsangst, wenn das Individuum sich wieder mit einer ähnlichen Situation konfrontiert sieht. Das kann dazu führen, dass in diesen Situationen zukünftig auch unabhängig vom Auftreten weiterer Panikattacken Angst und Meideverhalten beobachtet werden können. Wichtig ist, dass die Panikattacke ursprünglich unabhängig von konkreten Auslösern aufgetreten sein muss, d. h. nicht aufgrund der Konfrontation mit angstauslösenden oder phobischen Reizen oder negativen Erfahrungen. Die Erwartungsangst bezieht sich auf die Angst vor der Angst, d. h., das Individuum fürchtet, in der Situation erneut einen Panikanfall „aus heiterem Himmel" zu erleben.

Die Anfälle dauern meistens nur wenige Minuten bis zu einer halben Stunde, gelegentlich länger. Die Beschwerden der Panikattacke setzen sehr plötzlich ein und steigern sich innerhalb weniger Minuten zum Höhepunkt. Danach fällt die Angst mehr oder weniger schnell ab.

Eine eindeutige Diagnose kann lt. ICD-10 nur gestellt werden, wenn mehrere schwere Panikanfälle mit schweren vegetativen Symptomen innerhalb eines Monats aufgetreten sind. Das DSM-5 verlangt darüber hinaus entweder die Entwicklung einer Erwartungsangst und/oder eine deutlich fehlangepasste Verhaltensänderung infolge der Panikattacken, mindestens für den folgenden Monat.

Trennungsangst

Die **Angst vor realer oder befürchteter Trennung** ist im Verlauf der Welpenentwicklung wie auch beim menschlichen Säugling und Kleinkind zunächst ein normales Phänomen. Aber auch Junghunde und erwachsene Hunde können ebenso wie erwachsene Menschen Trennungsängste zeigen. Die ausgeprägte Angst vor der Trennung von wichtigen Bezugspersonen muss nach ICD-11 mindestens **mehrere Monate** anhalten und zu **klinisch bedeutsamem Leiden** und Beeinträchtigungen führen.

Die Anzeichen für das Vorliegen einer Trennungsangst bei Hunden umfassen nach Sherman[42]:

- Zerstörung (oft an Ausgängen wie Türen und Fenstern)
- Urinieren und Einkoten bei ansonsten gegebener Stubenreinheit
- starkes Speicheln
- Bellen und andere Lautäußerungen
- Unruhe (z. B. Auf-und-ab-Laufen)
- Versuche zu entkommen (z. B. aus Käfigen, Autos, Wohnungen), wobei es aufgrund der massiven Anstrengungen zu Selbstverletzungen (u. a. an Zähnen und Pfoten) kommen kann
- vegetative Stresssymptome (z. B. erhöhter Puls, Hecheln, Zittern)

Diese Symptome zeigen sich **nur bei einer Trennung**, treten nach der Trennung oft innerhalb von Minuten auf und verschwinden bei Rückkehr der Bezugsperson wieder (Abgrenzung von bspw. Gewitterangst).

Bei Menschen kommt als kognitives Symptom die quälende Sorge hinzu, dass die Bezugsperson nicht zurückkehren wird (z. B. aufgrund eines Unfalls). Betroffene weigern sich daher beispielsweise auch, ohne die Bezugsperson zu schlafen oder ohne sie aus dem Haus zu gehen. Bei einem Teil der Hunde, die von Trennungsangst betroffen sind, lässt sich ebenfalls ein „**hyperattachment**" beobachten, eine übermäßig stark ausgeprägte Anhänglichkeit. Diese Hunde folgen ihren Bezugspersonen überall hin, suchen vermehrt Nähe und Kör-

42 › Sherman, B. L. (2008). Separation anxiety in dogs. Compendium, 30(1), 27-42.

perkontakt und zeigen Stress und Unwohlsein, wenn sie z. B. doch mal aus dem Badezimmer ausgeschlossen werden. Macht die Bezugsperson Anstalten, allein das Haus zu verlassen, zeigen sich die betroffenen Hunde unruhig, anhänglich oder frieren ein. Gelegentlich kommt es zu aggressivem Verhalten gegenüber der Bezugsperson mit dem Ziel, diese am Verlassen des Hauses zu hindern (Beißen nach der Hand, die den Türgriff ergreift; Beißen in die Kleidung).

Checkliste Angststörungen

Angst in spezifischen Situationen oder vor spezifischen Reizen	O Nein O Ja, vor: ______________________
Panikattacken ohne erkennbaren Auslöser	O Nein O Ja Wie häufig: __________ (pro Woche / Monat) Wie lange dauern die Attacken an: _____(min)
Überdauernde Ängste ohne konkrete Auslöser	O Nein O Ja Wie häufig: __________ (Tage pro Woche)
Vermeidungsverhalten	O Nein O Ja, in Form von: ______________________
Hund verlangt häufig nach Beruhigung bzw. Rückversicherung	O Nein O Ja, in Form von: ______________________ O Zeichen von übermäßiger Anhänglichkeit (Hyperattachment)
Welche vegetativen und sonstigen Angstsymptome liegen vor?	(Z. B. Herzrasen, Hecheln, Zittern, starke Anspannung der Muskulatur, Hypervigilanz, Schlafstörungen etc.):
Ausmaß der beobachtbaren Erregung	(Entspannt) 0...............50...............100 (Todesangst)

Ausmaß der Einschränkung im Alltag	*Wie stark ist der Hund durch die Angstsymptomatik bzw. das Meideverhalten eingeschränkt im Alltag?* Leicht ………..……….mittel………..……….massiv *Welche Einschränkungen belasten den Hund am meisten:* *Welche Einschränkungen belasten die Halter:innen am meisten:*
Wahrnehmbarer Leidensdruck beim Hund	Leicht ………..……….mittel………..……….massiv
Treten Symptome wie Stereotypien, psychotische Zustände, Intrusionen/Flashbacks, depressive Symptome, etc. auf?	O Stereotypien O Psychoseähnliche Zustände (Erregung, Halluzinationen, …) O Intrusionen/Flashbacks O Depressive Symptome O Andere: ____________________

Belastungs- und Anpassungsstörungen

Als Reaktion auf schwere Belastungen können sich verschiedene psychische Störungen entwickeln, z. B. auch Depressionen oder Angststörungen. Im ICD-10 werden in dieser Kategorie jedoch nur bestimmte Störungen erfasst: die **akute Belastungsreaktion** (Nervenzusammenbruch), die **Posttraumatische Belastungsstörung** (PTBS) und die **Anpassungsstörungen**. Im ICD-11 kommt noch die **komplexe PTBS** dazu.

Diese Störungen sind insofern einzigartig, als dass ihre **Entstehung direkt auf Stress zurückzuführen** ist, z. B. auf ein außergewöhnlich belastendes Lebensereignis (ein Trauma oder ein kritisches Lebensereignis wie der Tod einer wichtigen Bezugsperson) oder auf anhaltenden und massiven chronischen Stress (z. B. Mobbing als Form der psychischen Misshandlung oder chronischer Missbrauch in jeglicher Form). Bei anderen psychischen Erkrankungen, etwa bei einer Depression oder Angststörung, sind die individuellen Ursachen nicht so klar erkennbar. Stress spielt zwar oft eine Rolle, in vielen Fällen jedoch eher als auslösende, nicht als ursächliche Bedingung, die auf ungünstige genetische und andere biologische Faktoren (Vulnerabilität) sowie auf Lernerfahrungen (klassische und operante Konditionierungen, Modelllernen), dysfunktionale kognitive Verarbeitungsmuster, unsichere Bindungsmuster und andere individuelle Risikofaktoren trifft. Bei den Belastungs- und Anpassungsstörungen ist Stress dagegen der wichtigste Faktor, der zur Entstehung der Störung geführt hat, und ohne den die Erkrankung nicht aufgetreten wäre. Dennoch gibt es auch immer wieder Individuen, die trotz massiver Stresserlebnisse nicht erkranken (Resilienz). Daher wissen wir, dass auch bei der Entwicklung von Belastungs- und Anpassungsstörungen weitere Faktoren eine wichtige Rolle spielen: u.a. die biologische Vulnerabilität, die Persönlichkeitsstruktur, kognitive Faktoren, die die Stressbewältigung beeinflussen (z.B. Attributionsstil, Selbstwirksamkeitserleben etc.), sowie die Qualität und das Ausmaß der sozialen Beziehungen und der daraus resultierenden Unterstützung.

Die Symptome der Belastungs- und Anpassungsstörungen verhindern adaptivere Bewältigungsmechanismen und führen oft zu **Beeinträchtigungen in den sozialen Beziehungen** (z.B. Rückzugsverhalten oder aggressives Verhalten) sowie zu **Veränderungen des affektiven Erlebens**. So kommt es vermehrt zu Gefühlen wie Angst, Reizbarkeit, depressiven Verstimmungen und Hilflosigkeit, aber auch zu Affektverflachung, Gefühlen von Betäubung, Leere und Sinnlosigkeit. Daneben tritt oft **psychophysiologisches Hyperarousal** auf, d.h. eine chronische Übererregung mit Anspannungszuständen, körperlicher und innerer Unruhe, Hypervigilanz (übersteigerte Wachsamkeit) sowie Konzentrations- und Schlafstörungen.

Akute Belastungsreaktion

Die akute Belastungsreaktion setzt **innerhalb von Minuten** nach einem **massiv belastenden Ereignis** ein, das in der Regel ein kritisches Lebensereignis (z. B. Tod einer Bezugsperson, massiver Verlust an sozialem Ansehen) darstellt oder die Traumakriterien erfüllt. Sie dauert in der Regel nur **Stunden bis wenige Tage**.

Laut ICD-10 ist ein Trauma ein kurz- oder langanhaltendes Ereignis oder Geschehen von außergewöhnlicher Bedrohung oder mit katastrophalem Ausmaß, das bei nahezu jedem tiefgreifende Verzweiflung auslösen würde. Nach Fischer und Riedesser[43] ist besonders die wahrgenommene Diskrepanz zwischen dem Bedrohungserleben und den individuellen Bewältigungsmöglichkeiten dafür verantwortlich, dass es bei einem Trauma zum Erleben massiver Hilflosigkeit und Verzweiflung und in der Folge zur tiefgreifenden Erschütterung des Selbst- und Weltverständnisses kommt. Handelt es sich, wie bei Auslösern der akuten Belastungsreaktion, um ein einzelnes, abgrenzbares Ereignis, wird es als Monotrauma oder Typ-I-Trauma bezeichnet.

Zunächst stehen lt. ICD-10[44] **Betäubung und Bewusstseinseinengung** im Vordergrund, d. h., es kann zu Desorientiertheit, Konzentrationsproblemen und Schwierigkeiten bei der Reizverarbeitung kommen.

Anschließend kann es entweder zu **Rückzug** aus der Situation bis hin zu dissoziativen Zuständen kommen oder zu gesteigerten **Erregungszuständen** mit massiven vegetativen Symptomen (u. a. erhöhte Puls- und Atemfrequenz), starken affektiven Reaktionen (Panik, Rage, Verzweiflung) und Flucht oder aggressivem Verhalten.

---

43 › Fischer, G. & Riedesser, P. (2009). Lehrbuch der Psychotraumatologie (4. Aufl.). Ernst Reinhardt Verlag.

44 › Dilling, H., Mombour, W., Schmidt, M. H. (2022). Internationale Klassifikation psychischer Störungen. (10. überarb. Aufl.). Hogrefe.

Gelingt die Entfernung aus der belastenden Situation, bilden sich die Symptome spätestens nach wenigen Stunden zurück. Besteht die Belastung weiterhin (z. B. nach Tod einer Bezugsperson), setzt nach ein bis zwei Tagen eine deutliche Besserung ein, nach drei Tagen besteht höchstens noch eine geringe Symptombelastung.

Das DSM-5 erlaubt dagegen die Diagnose bei Fortbestehen der Symptome bis zu einem Monat. Zusätzlich muss eine gewisse Anzahl von folgenden Symptomen zu beobachten sein:

- Wiedererleben (z. B. in sich aufdrängenden Erinnerungen (Intrusionen), Albträumen, Flashbacks, intensive Reaktion auf Trigger)
- Anhedonie (Unfähigkeit, positive Gefühle zu empfinden)
- dissoziative Symptome (Depersonalisation, Derealisation, Amnesie für das traumatische Ereignis oder Teile davon)
- Vermeidung (Versuche, belastende Erinnerungen, Gedanken und Gefühle zu unterdrücken sowie Triggern auszuweichen)
- psychophysiologisches Hyperarousal (Schlafstörungen, Reizbarkeit und Wutausbrüche, Hypervigilanz, Konzentrationsschwierigkeiten, Schreckhaftigkeit)

Die akute Belastungsreaktion lt. DSM-5 stellt mit ihrer Symptomatik somit eine Vorstufe zur möglichen späteren Entwicklung einer Posttraumatischen Belastungsstörung dar.

Posttraumatische Belastungsstörung (PTBS)

Während die akute Belastungsstörung sofort nach dem Ereignis einsetzt, erscheinen die Symptome der PTBS erst **nach Wochen bis Monaten**, selten auch nach längerer Zeit wie einigen Jahren.

Auch bei dieser Störung muss **zwingend ein traumatisches Ereignis vorliegen**, das die Entwicklung der Symptomatik bedingt. Nach DSM-5 müssen die Symptome länger als einen Monat andauern, ehe die Diagnose gestellt werden kann.

Möller, Laux und Deister[45] weisen darauf hin, dass das Erscheinungsbild der Störung individuell sehr unterschiedlich sein kann. Es können depressive, dissoziative, somatoforme[46] oder psychoseähnliche Symptome im Vordergrund stehen.

Die Symptome lassen sich nach ICD-10 folgenden drei Gruppen zuordnen:

- **WIEDERERLEBEN** (Intrusionen, Flashbacks, Albträume, intensive emotionale und körperliche Stressreaktionen bei Konfrontation mit Erinnerungen bzw. Triggern)
- **AUSGEPRÄGTES VERMEIDUNGSVERHALTEN** (u. a. anhaltendes Gefühl von Betäubtheit, affektive Leere, Anhedonie, Gleichgültigkeit gegenüber Sozialpartnern, Teilnahmslosigkeit ggü. der Umgebung, Gefühl der Getrenntheit und Entfremdung von anderen[47], Vermeidung von potenziellen Triggern sowie von belastenden Erinnerungen, Gedanken und Gefühlen, Amnesien für das Trauma)
- **PSYCHOPHYSIOLOGISCHES HYPERAROUSAL** (Schlafstörungen, Reizbarkeit und Wutausbrüche, Hypervigilanz, Konzentrationsschwierigkeiten, Schreckhaftigkeit[48])

Oft treten zudem weitere depressive Symptome und Ängste auf.

---

45 › Möller, H.-J., Laux, G., Deister, A. (2015). Psychiatrie, Psychosomatik und Psychotherapie. (6. Aufl.). Georg Thieme Verlag.

46 › D. h., die Symptome sehen aus, als wären sie Teil körperlicher Beschwerden oder Erkrankungen, sind aber tatsächlich psychisch bedingt, d. h., sie haben keine organische Ursache (z. B. Schmerzen, Schwindel, Durchfall, …).

47 › Alle vorgenannten Symptome sind laut ICD-11 depressive Begleitsymptome und werden daher nicht mehr als Teil der PTBS-Symptomatik betrachtet (vgl. Eberle, D. J. & Maercker, A. (2024). Belastungsbezogene Störungen in der ICD-11. Die Psychotherapie (Ausgabe 3), S. 179–183.).

48 › In der ICD-11 wird stattdessen die Wahrnehmung einer erhöhten aktuellen Bedrohung mit Hypervigilanz und Schreckhaftigkeit aufgeführt. Reizbarkeit, Konzentrations- und Schlafstörungen und Hyperarousal werden dagegen als zu unspezifisch verworfen (vgl. Eberle & Maercker, 2024).

Die Symptomatik muss zu klinisch bedeutsamen Einschränkungen im Alltag in mehreren Lebensbereichen führen, d. h., sie darf nicht nur in bestimmten Situationen, z. B. innerhalb der Familie, zu beobachten sein.

Komplexe posttraumatische Belastungsstörung (KPTBS)

Die Diagnose der komplexen PTBS ist erst im ICD-11 zu finden. Die Betroffenen zeigen neben den Symptomen der PTBS weitere typische Symptome. Die Störung entsteht i. d. R. durch wiederholte oder anhaltende Traumatisierungen, wie jegliche Formen von Missbrauch, denen die Betroffenen nicht oder nur schwer entkommen können[49] (Komplextraumatisierung, Typ-II-Trauma).

Zusätzlich zu den Symptomen der PTBS, die zwingend für die Diagnose vorliegen müssen, kommt lt. ICD-11[50] eine **Störung der Selbstorganisation** hinzu, die in drei weitere Symptomgruppen unterteilt wird:

- PROBLEME MIT DER EMOTIONSREGULATION (u. a. Wutausbrüche, starke Erregbarkeit, andere emotionale Ausbrüche)
- VERÄNDERUNGEN DES SELBSTKONZEPTES (u. a. starke und lang andauernde Schuld- und Schamgefühle, selbstherabsetzende Einstellungen)
- SCHWIERIGKEITEN IN SOZIALEN INTERAKTIONEN (u. a. häufige Streitigkeiten und Konflikte; Unfähigkeit, anderen zu vertrauen)

Insbesondere Symptome, die sich auf kognitive Faktoren wie das Selbstkonzept und den Selbstwert beziehen, sind auf Hunde schwer übertragbar und nur bedingt aus Verhaltensbeobachtungen im Alltag und auf dem Hundeplatz zu erschließen. Sie hängen in hohem Maße von sozialen Rückmeldungen aus der Umwelt ab, wofür Hun-

---

49 › Vgl. Eberle & Maercker, 2024.
50 › Eberle & Maercker, 2004.

de als Säugetiere, die in hierarchischen Gruppen leben, empfänglich sind. Dennoch mag dieser Faktor bei Hunden aufgrund mangelnder Reflexionsfähigkeit weniger bedeutsam sein. Auch die Frage, ob Hunde bezüglich der traumatischen Erlebnisse unter unzutreffenden Attributionen leiden („Ich hätte etwas tun müssen, um es zu verhindern.") und in Bezug auf das traumatische Ereignis Schuld- oder Schamgefühle entwickeln können, muss offen bleiben. Sicher beobachtbar sind bei Hunden daher nur der erste (Emotionsregulation) und der dritte Faktor (Interaktionsschwierigkeiten).

Anpassungsstörungen

Kommt es im Leben zu massiven Veränderungen, kann das Individuum Schwierigkeiten entwickeln, sich an die neuen Anforderungen anzupassen. Bedeutende Veränderungen, die auch Hunde unmittelbar betreffen, können **kritische Lebensereignisse** sein, wie der Tod oder der Verlust von Bezugspersonen, die Geburt eines Kindes, konfliktreiche Trennungen oder sonstige Veränderungen in der sozialen Umgebung, z. B. wenn ein rumänischer Straßenhund ins Tierheim und dann nach Deutschland auf eine Pflegestelle kommt. Daneben können auch **chronische Belastungen** (z. B. bei massiven, chronischen Konflikten zwischen unverträglichen Hunden innerhalb einer Gruppe) die Anpassungsfähigkeit überfordern und zur Entwicklung einer Anpassungsstörung führen.

Die Anpassungsstörung beginnt lt. ICD-10 bzw. DSM-5 i. d. R. **innerhalb von 1 – 3 Monaten** nach Beginn der Belastungssituation und dauert **meist nicht länger als 6 Monate** nach Ende der Belastung an.

Affektive und kognitive Symptome wie depressive Verstimmungen, Angst, Überforderungserleben und andauernde Besorgnis sind typische Symptome. Daneben sinkt die Leistungsfähigkeit der Betroffenen, es fällt ihnen schwer, die tägliche Routine zu bewältigen, und in der Folge werden insbesondere soziale Aktivitäten häufig reduziert.

Laut DSM-5 müssen die Symptome ein klinisch bedeutsames Ausmaß erreichen und entweder deutliches Leiden verursachen, das in keinem Verhältnis zur Intensität des Belastungsfaktors steht, und/oder bedeutsame Beeinträchtigungen in sozialen und anderen wichtigen Funktionsbereichen hervorrufen. Sie dürfen dabei nicht nur Ausdruck einer angemessenen Trauerreaktion sein.

Checkliste Belastungs- und Anpassungsstörungen

Art, Schwere und Dauer der schwersten Belastung Zeitpunkt der Belastung in der Biografie: __________	○ Monotrauma ○ Komplextrauma ○ Chronischer Stress Art der Belastung: ____________________ *Schweregrad der Belastung* Katastrophal......extrem......schwer......mittel......leicht Dauer der Belastung: ____________________
Art, Schwere und Dauer weiterer Belastungen Zeitpunkt der Belastung in der Biografie: __________	○ Monotrauma ○ Komplextrauma ○ Chronischer Stress Art der Belastung: ____________________ *Schweregrad der Belastung* Katastrophal......extrem......schwer......mittel......leicht Dauer der Belastung: ____________________
Art, Schwere und Dauer weiterer Belastungen Zeitpunkt der Belastung in der Biografie: __________	○ Monotrauma ○ Komplextrauma ○ Chronischer Stress Art der Belastung: ____________________ *Schweregrad der Belastung* Katastrophal......extrem......schwer......mittel......leicht Dauer der Belastung: ____________________
Beeinträchtigungen in sozialen Beziehungen?	○ Nein ○ Ja: ○ Gegenüber Hunden ○ Gegenüber Menschen Welcher Art (Rückzug, Aggressivität, vermehrte Konflikte, Meideverhalten, ...):
Veränderungen des Affektes?	○ Nein ○ Ja Welcher Art (Angst, depressive Verstimmung, Reizbarkeit, Affektverflachung, ...):

Psychophysio-logisches Hyperarousal?	○ Chronische Anspannungszustände ○ Körperliche u./o. ○ Innere Unruhe ○ Hypervigilanz (übersteigerte Wachsamkeit) ○ Konzentrationsstörungen ○ Schreckhaftigkeit ○ Schlafstörungen ○ Sonstige: ____________________
Wiedererleben	○ Keine Hinweise ○ Hinweise auf Intrusionen, Flashbacks, Albträume ○ Intensive emotionale und vegetative Stressreaktion auf Trigger Welche Reize triggern die intensive Stressreaktion:
Vermeidungs-verhalten	○ Nein ○ Vermeidung von Situation oder Reizen, die mit dem Trauma in Zusammenhang stehen Konkrete Auslöser/Situationen und Beschreibung des Meideverhaltens:
Depressiver Symptom-komplex	○ Keine ○ Anhaltendes Gefühl von Betäubtheit ○ Affektive Leere ○ Anhedonie (Interessen- und Freudverlust) ○ Gleichgültigkeit ggü. Sozialpartnern ○ Teilnahmslosigkeit ggü. der Umgebung

Emotions-regulation	O Unverändert ggü. dem Zustand vor der Belastung O Wutausbrüche O Panikattacken O Verzweiflung, massive Hilflosigkeit oder Überforderung O Hohe Erregbarkeit
Wie lange bestehen die Symptome? (Ggf. z. B. Fotoalbum des Smartphones als Gedächtnishilfe nutzen)	Zeitpunkt des belastenden Ereignisses: Beginn der Symptomatik: Dauer der Symptomatik: (Tage / Monate / Jahre)

Depression

Die typischen Symptome depressiver Störungen scheinen uns vertraut zu sein: **Verlust der Freudfähigkeit** (Anhedonie), **Niedergeschlagenheit, Antriebsmangel** und **schnelle Ermüdbarkeit**. Weniger bekannt ist, dass das Erscheinungsbild der Depression lt. ICD-10 vielfältig und individuell sehr unterschiedlich sein kann. Neben der typisch „depressiven Stimmung" kann die Stimmung auch ins **ängstliche oder reizbare** Spektrum verschoben sein. Der Antrieb kann gemindert sein, daneben gibt es jedoch auch Patient:innen, die von motorischer **Unruhe und Agitiertheit** gequält werden („sich getrieben fühlen"). Bei manchen Depressionsformen stehen v. a. **somatische Aspekte** im Vordergrund (somatisches Syndrom) wie Appetit- und Gewichtsverlust, ungewöhnlich frühes Erwachen, ohne sich ausgeruht zu fühlen oder wieder einschlafen zu können, Morgentief mit Stimmungsverbesserung gegen Nachmittag, psychomotorischer Hemmung oder Agiertheit (Unruhe) und Libidoverlust.

Die Diagnose kann nach ICD-10 erst gestellt werden, wenn die Symptome **mindestens 2 Wochen** lang durchgehend aufgetreten sind.

Die Schwere einer Depression wird aufgrund der Anzahl und Ausprägung der Symptome sowie dem Grad der Einschränkung in der Lebensführung und den sozialen Aktivitäten bestimmt. Um die Diagnose einer leichten[51] Depression stellen zu können, ist es daher nicht notwendig, dass sämtliche Symptome auftreten, es genügen zwei von drei Hauptsymptomen (Verlust von Interesse bzw. Freude, Antriebsmangel, erhöhte Ermüdbarkeit) sowie mindestens einem von sieben Nebensymptomen (Konzentrationsstörungen, vermindertes Selbstwertgefühl und Selbstvertrauen, Schuldgefühle, pessimistische Zukunftsperspektive, Suizidgedanken oder Suizidversuche bzw. Selbstverletzungen, Schlafstörungen, verminderter Appetit), zusammen jedoch mindestens vier Symptome.

Kognitive Symptome wie das Ausmaß des Selbstwertgefühls und Selbstvertrauens, Schuldgefühle, Pessimismus und Suizidgedanken lassen sich beim Menschen erfragen, bei Hunden jedoch kaum aus Verhaltensbeobachtungen erschließen. Daher müssen wir bei Hunden v. a. auf die eindeutig beobachtbaren Symptome achten. Je mehr dieser Symptome wir sehen, desto ausgeprägter ist das depressive Syndrom.

Depressionen können verschiedene Ursachen und Auslöser haben, die in ihrem Zusammenwirken komplex sein können. Die **postpartale Depression** (Wochenbettdepression) tritt in den ersten Wochen nach der Geburt auf, vermutlich bedingt durch Hormonschwankungen, und kann die Mutter-Kind-Bindung erheblich beeinträchtigen. Die **saisonale Depression** tritt episodenhaft zu bestimmten Jahreszeiten (meist im Winter) auf und wird mit Licht- und Vitaminmangel in Verbindung gebracht. Depressionen können **einmalig** im Leben

---

51 › Auch die Diagnose einer leichten Depression bedeutet, dass die Patient:innen einen beträchtlichen Leidensdruck empfinden und sich durch die Symptomatik im Alltag deutlich eingeschränkt erleben. Sie ist nicht mit einer umgangssprachlichen „leichten depressiven Phase“ oder einer „leichten depressiven Verstimmung“ zu vergleichen.

oder **rezidivierend** auftreten, d. h., ein Individuum erlebt mehrfach depressive Episoden von typischerweise einigen Monaten Dauer. Gelegentlich sind **chronische** Verläufe ohne vollständiges Abklingen der Symptomatik zu beobachten.

Die Depression ist eine der wenigen psychischen Erkrankungen, die tödlich verlaufen können, da die Suizidrate in dieser Patientengruppe vergleichsweise hoch ist. Ob Tiere wie Menschen zu Suiziden in der Lage sind, ist umstritten. Es gibt wenig Forschung auf diesem Gebiet, jedoch lassen sich manche Beobachtungen so interpretieren, dass es Ähnlichkeiten geben könnte zwischen selbstgefährdendem Verhalten bei Tieren und Suizidverhalten von Menschen, insbesondere bei Tieren, die in Gefangenschaft gehalten werden oder durch Umweltbedingungen massivem Druck ausgesetzt sind[52].

Depressionen sind gut behandelbar.

Zwangsstörung

Bei Menschen beobachten wir bei Zwangsstörungen neben den **Zwangshandlungen** auch kognitive Stereotypien (Zwangsgedanken). Inwieweit andere Säugetiere unter Zwangsgedanken leiden können, ist derzeit unklar. Tiere können jedoch Zwangshandlungen zeigen. Beispiele für Stereotypien bei Hunden sind Kreislaufen, Schwanzjagen, Flanken- oder Deckennuckeln, Fliegenschnappen bzw. In-die-Luft-Beißen, Selbstverletzungen, Ausrupfen von Fell (Trichotillomanie), Auf-und-ab-Laufen (Pacing), Drehungen um die eigene Achse (Spinning) und stereotypes Bellen[53]. Bei der Diagnose ist zu beachten, dass stereotypes Verhalten als Symptom auch im Rahmen anderer

52 › Preti, A. (2007). Suicide among Animals: A Review of Evidence. Psychological Reports, 101(3), 831-848.

53 › Overall K. L., Dunham A. E. Clinical features and outcome in dogs and cats with obsessive-compulsive disorder: 126 cases (1989-2000). J Am Vet Med Assoc. 2002 Nov 15;221(10):1445-52.

psychischer Erkrankungen auftritt (z. B. Tic-Störung, stereotype Bewegungsstörung mit und ohne Selbstverletzung, stereotypes Verhalten und stereotype Selbstverletzungen zur Anspannungsregulation im Rahmen von Traumafolgestörungen).

Zwangshandlungen sind **stereotype Verhaltensweisen**, die ständig wiederholt werden, mit der Wiederholung **keinen offensichtlichen Zweck** erfüllen und nicht als angenehm, häufig sogar als **unangenehm** empfunden werden – anders als z. B. Suchtverhalten, das ebenfalls oft wiederholt wird, aber als lustvoll (selbstbelohnend) erlebt wird. Das Nachlassen von Anspannung und Angst durch Ausführung des Zwangsverhaltens (Erleichterung) zählt nicht im Sinne der Diagnosestellung als „angenehm", obwohl es zur operanten Verstärkung des Verhaltens beiträgt.

Weitere wichtige Kennzeichen von Zwangshandlungen sind:

- Das Verhalten wird außerhalb des normalen Kontextes gezeigt.
- Frequenz oder Dauer des Verhaltens sind exzessiv.
- Das Zwangsverhalten führt zu Funktionsbeeinträchtigungen in den sozialen Beziehungen und anderen wichtigen Lebensbereichen.

Die Betroffenen erleben einen inneren Zwang, diese stereotypen Handlungen auszuführen, obwohl sie die Sinn- und Nutzlosigkeit erkennen, und versuchen häufig vergeblich, **Widerstand** gegen diesen Zwang zu leisten („sich zusammenzureißen"). Der Widerstand kann mit Fortschreiten der Erkrankung nachlassen und nicht mehr erkennbar sein.

Oft treten **Ängste und eine massive innere Anspannung** auf, die insbesondere sichtbar werden, wenn die Betroffenen an der Ausführung der Zwangshandlungen gehindert werden.

Die Zwangssymptome müssen mindestens **zwei Wochen** lang an den meisten Tagen auftreten, ehe die Diagnose gestellt werden kann. Nach DSM-5 müssen sie **mehr als eine Stunde pro Tag** gezeigt werden.

Suchtverhalten

Bei Suchterkrankungen ist die Grenze zwischen ungesundem (schädlichem) und krankhaftem Verhalten (Suchtverhalten) fließend und oft schwer zu ziehen. Je mehr Kennzeichen einer Suchterkrankung vorliegen, desto gesicherter ist die Diagnose.

Im ICD-10 ist die Glücksspielsucht als einzige aufgeführte Verhaltenssucht noch Teil der „abnormen Gewohnheiten und Störungen der Impulskontrolle". Erst im ICD-11 wird die neue Kategorie „Störungen durch Substanzgebrauch oder Verhaltenssüchte" auch nicht-substanzgebundene Süchte wie Glücksspielsucht und Computerspielstörung als eigenständige Störungen umfassen. Die Soziale-Netzwerke-Nutzungsstörung wird im Kapitel „Sonstige Störungen durch Verhaltenssüchte" aufgeführt. Diskutiert wird die Zuordnung der Kauf-Shopping-Störung und der Pornografie-Nutzungsstörung zu den Verhaltenssüchten.

Verhaltenssüchte sind im ICD-11 lt. WHO definiert als „erkennbare und klinisch bedeutsame Syndrome", die „mit **Leiden oder Beeinträchtigungen persönlicher Funktionen** einhergehen und sich als **Folge wiederholter belohnender Verhaltensweisen** entwickeln, bei denen es sich nicht um den Konsum von abhängigkeitserzeugenden Substanzen handelt"[54].

Die typischen Kennzeichen einer Suchterkrankung sind:

- **STARKES VERLANGEN** (Craving), das Verhalten auszuführen
- **KONTROLLVERLUST** über Beginn, Beendigung und Intensität der Aktivität
- **TOLERANZENTWICKLUNG**, d. h., die Häufigkeit, Dauer und Intensität des Verhaltens muss immer mehr gesteigert werden, um einen ähnlichen Lustgewinn zu erleben

54 › Zitiert nach: Lindenberg, K. & Sonnenschein, A. R. (2024), Verhaltenssüchte als neue ICD-11-Diagnosen. Psychotherapie, 69, 158-164, S. 159.

- **ENTZUGSERSCHEINUNGEN** wie Unruhe, Konzentrationsprobleme, Reizbarkeit oder andere negative Gefühle (Ängste, Niedergeschlagenheit), wenn das Verhalten nicht ausgeführt werden kann
- **VERNACHLÄSSIGUNG** anderer Aktivitäten, die früher Vergnügen bereitet haben (z. B. soziale Interaktionen einschl. Sexualität), zugunsten des Suchtverhaltens
- Fortgesetztes Suchtverhalten **TROTZ NEGATIVER FOLGEN** (soziale, psychische und gesundheitliche Schäden)

Alle selbstbelohnenden Verhaltensweisen sind potenziell geeignet, um Suchtverhalten zu entwickeln. Dazu gehören beim Hund insbesondere Verhaltenssequenzen aus dem Jagd- und Sexualverhalten. Die neurobiologischen Grundlagen sind bei substanzgebundenen und Verhaltenssüchten ähnlich, daher sehen wir ähnliche typische Merkmale bei beiden Störungen. Bei den substanzgebundenen Süchten kommt die spezifische Wirkung der Substanz (Nikotin, Kokain, Heroin etc.) hinzu sowie ggf. die körperliche Abhängigkeit mit spezifischen Entzugssymptomen. Dopamin, welches im Motivationssystem (auch Belohnungssystem genannt; ventrales tegmentales Areal und Ncl. accumbens) ausgeschüttet wird, spielt eine entscheidende Rolle, sowohl bei der Entwicklung von alltäglicher Motivation (Verlangen, Appetenz, Craving), sich auf eine bestimmte Weise zu verhalten, von der man sich eine Belohnung verspricht, als auch bei der Entwicklung von Suchterkrankungen. Bei substanzgebundenen Süchten erfolgt die Freisetzung von Dopamin häufig durch Interaktionen der Substanz mit dem Neurotransmittersystem, während bei Verhaltenssüchten das exzessive Verhalten die Dopaminausschüttung bewirkt. Viele Verhaltensweisen, die zu einem angenehmen Belohnungsgefühl führen, können daher – wiederholt und exzessiv ausgeführt – zur Entwicklung einer Suchterkrankung beitragen.

Besonders wirksam ist die intermittierende Belohnung, wie sie z. B. beim Glücksspiel, aber auch in Computerspielen und sozialen

Medien eingesetzt wird[55]. Dies sollte man bei der Diagnostik berücksichtigen, wenn externe Verstärker häufig in kontinuierlicher oder intermittierender Form in der Hundeerziehung eingesetzt werden (Klicker, Futter, Spielzeug).

Interaktionsstörungen (Persönlichkeitsstörungen)

Die Bezeichnung „Persönlichkeitsstörung“ wird von vielen Betroffenen als stigmatisierend und abwertend empfunden. Da bei diesen Störungen v. a. die problematischen psychosozialen Interaktionsmuster im Vordergrund stehen, bietet es sich an, bei Hunden eher von Interaktionsstörungen zu sprechen.

Es handelt sich um **überdauernde, tief verwurzelte Muster von starren Reaktionen in sozialen Situationen**, unabhängig von der Reaktion der Sozialpartner. Gegenüber den „normalen“ oder zu erwartenden Reaktionen zeigen sich lt. ICD-10 **deutliche Abweichungen in Wahrnehmung, Fühlen, Denken und den Beziehungen** zu anderen. Diese starren Muster führen zu **ausgeprägtem Leiden der Betroffenen und ihrer Sozialpartner**, zu **gestörter sozialer Anpassung** und **verminderter Funktions- und Leistungsfähigkeit** im Alltag.

Die Entwicklung dieser ungünstigen Muster beginnt lt. ICD-10 schon vor der Pubertät und dauert bis ins Erwachsenenalter an, wo sie dann im Vollbild ausgeprägt diagnostiziert werden kann. Dies soll Persönlichkeitsstörungen von Persönlichkeitsveränderungen unterscheiden, die erst im Erwachsenenalter aufgrund schwerer Belastungen, psychiatrischer, neurologischer oder hirnorganischer Störungen erworben werden.

Im Gegensatz zu den Kriterien der ICD-10 mit frühem Beginn und stabilem Verlauf der Störung stehen klinische Studien, die zeigen, dass sich bei 40–60 Prozent der Patient:innen die Symptomatik im

---

55 › Vgl. Lindenberg & Sonnenschein (2024).

Laufe von zwei Jahren ohne Behandlung von selbst zurückbildet. Bei Borderline-Patient:innen beträgt die Remissionsrate bis zu 90 Prozent innerhalb von zehn Jahren. Die ICD-11 gibt daher nur noch einen Zeitraum von mindestens zwei Jahren vor, in dem die Symptomatik beobachtbar sein muss[56]. Dies führt aktuell zu vielen Diskussionen.

Auch die kategoriale Einteilung in dissoziale, paranoide, ängstlich-vermeidende, abhängige u. a. Persönlichkeitsstörungen wird im ICD-11 zugunsten eines dimensionalen Modells aufgegeben.

Für eine Diagnose müssen lt. ICD-11 zukünftig wie lt. ICD-10 zunächst relevante Funktionsbeeinträchtigungen vorliegen. Dann wird der Schweregrad der Funktionsbeeinträchtigungen bestimmt und zuletzt werden konkrete Persönlichkeitsmerkmale beschrieben, basierend auf dem Fünf-Faktoren-Modell (Big Five; entwickelt auf Grundlage der Forschung von u. a. Allport & Odbert, Fiske, Goldberg sowie Costa und McCrae).

Die fünf Faktoren Neurotizismus, Extraversion, Gewissenhaftigkeit, Verträglichkeit und Offenheit können auch in anderen Tierarten zur Beschreibung der Persönlichkeit herangezogen werden. Insbesondere die Faktoren Extraversion, Neurotizismus und Verträglichkeit lassen sich generell finden, bei Hunden auch ein kombinierter Faktor Gewissenhaftigkeit/Offenheit[57].

Relevante Funktionsbeeinträchtigungen umfassen nach Hauser und Kollegen[58] Störungen des Selbstwertgefühls und des Selbstbildes (bei Hunden schlecht zu beobachten), schlechte Selbststeuerung

---

56 › Hauser, N. C., Herpertz, S. C. & Habermeyer, E. (2021). Das überarbeitete Konzept der Persönlichkeitsstörungen nach ICD-11: Neuerungen und mögliche Konsequenzen für die forensisch-psychiatrische Tätigkeit. Forens Psychiatr Psychol Kriminol 15, 30–38.

57 › Gosling, S.D., John, O.J., 1999. Personality dimension in nonhuman animals: a cross-species review. Curr. Direct. Psychol. Sci. 8, 69–75.

58 › Hauser et al., 2021.

(Regulation von Emotionen, Erregung und Impulsen), Schwierigkeiten in der sozialen Interaktion durch einen Mangel an Empathie, fehlendes Interesse an Sozialpartnern, Unfähigkeit, deren Perspektive und Bedürfnisse zu berücksichtigen, sowie häufige Konflikte und dysfunktionale Konfliktbewältigungsstrategien. Die **Beeinträchtigungen** zeigen sich **auf kognitiver** (u. a. dysfunktionale Entscheidungen, Fehlwahrnehmung der Absichten anderer), **emotionaler** (zu stark oder zu wenig emotional erregbar, dysfunktionaler emotionaler Ausdruck) **und Verhaltensebene** (u. a. verminderte Impulskontrolle). Die Betroffenen unterscheiden sich darin deutlich von Individuen einer angemessenen Vergleichsgruppe (bei Hunden z. B. Berücksichtigung rassetypischer Erlebens- und Verhaltensweisen). Die Abweichungen dürfen nicht nur in Interaktionen mit bestimmten, einzelnen Sozialpartnern auftreten, sondern bilden ein übergreifendes Muster und erzeugen einen klinisch bedeutsamen Leidensdruck beim Individuum und/oder seinen Sozialpartnern.

Der **Schweregrad** wird bestimmt, indem beurteilt wird, wie übergreifend und schwerwiegend die dysfunktionalen Interaktionsmuster sind. Eine **leichte** Persönlichkeitsstörung liegt vor, wenn die Einschränkungen nicht in allen Situationen offensichtlich sind, gewisse Beziehungen aufrechterhalten werden können, nur gewisse Lebensbereiche – durchaus auch schwer – betroffen sind oder zwar mehrere Lebensbereiche betroffen sind, jedoch nur mit leichteren Beeinträchtigungen. Selbst- und Fremdgefährdungen kommen nicht vor. Eine **mittelgradige** Persönlichkeitsstörung ist gekennzeichnet von Beeinträchtigungen in mehreren Funktionsbereichen der Persönlichkeit. Die meisten Beziehungen sind durch Konflikte, Vermeidung, Rückzug oder extreme Abhängigkeit beeinträchtigt. Es kann gelegentlich zu Selbst- und Fremdgefährdungen kommen. Eine **schwere** Persönlichkeitsstörung liegt vor, wenn die Beeinträchtigungen so schwerwiegend sind, dass soziale Erwartungen in Beziehungen nicht mehr erfüllt werden können, und sie sich im Wesentlichen in allen Lebensbereichen zeigen. Erhebliche Selbst- und Fremdgefährdungen kommen vor und prägen das klinische Bild. Hunde mit diesem Störungsgrad finden sich oft im Tierheim oder werden euthanasiert.

Die **fünf Persönlichkeitsmerkmale**, die für die Diagnose nach ICD-11 berücksichtigt werden, umfassen.

- **NEGATIVE AFFEKTIVITÄT** (unangemessenes, intensives und häufiges Erleben negativer Emotionen, emotionale Instabilität, Beeinträchtigung der Emotionsregulation, negative Einstellungen, Misstrauen, geringes Selbstwertgefühl und Selbstbewusstsein)
- **BINDUNGSLOSIGKEIT/DISTANZIERTHEIT** (Vermeidung, emotionale und soziale Unnahbarkeit)
- **DISSOZIALITÄT** (Egoismus, Mangel an Empathie, häufige Regelbrüche, soziale Grenzüberschreitungen, manipulatives, feindseliges und gefühlloses Verhalten gegenüber anderen)
- **ENTHEMMTHEIT** (Impulsivität, Ablenkbarkeit, Risikofreude; Entscheidungen sind von mangelnder Voraussicht negativer – auch sozialer – Konsequenzen geprägt)
- **ZWANGHAFTIGKEIT** (perfektionistisches, rigides Verhalten, starker Wunsch nach Kontrolle)

Darüber hinaus wird in der ICD-11 weiterhin an der Kategorie der Borderline-Persönlichkeitsstörung festgehalten mit typischem problematischem Verhalten in sozialen Beziehungen, Störungen des Selbstkonzeptes und dysfunktionaler Emotions- und Erregungsregulation. Dazu gehören u. a. Gefühle von Leere, chronische Anspannungszustände (Hyperarousal), gestörter Nähe-Distanz-Regulation, übersteigerte Reaktionen auf Ablehnungen und Zurückweisungen, Misstrauen, Schwierigkeiten, sich in andere hineinzuversetzen und deren Grenzen zu akzeptieren, hoher emotionaler Instabilität, reaktive Aggressivität und selbstschädigendem Verhalten als dysfunktionale Anspannungsregulation.

Wie auch bei anderen psychischen Störungen besteht die Schwierigkeit darin, dass zur Diagnosestellung auch kognitive und nicht direkt beobachtbare Variablen herangezogen werden müssen. Legt man den Fokus jedoch weniger auf die Abweichungen in den Persönlichkeitsmerkmalen und stärker auf die resultierenden Selbstregulations- und Interaktionsstörungen, lassen sich auffallend viele Interaktionsmuster bei Hunden finden, die denen der Persönlichkeitsstörungen beim Menschen entsprechen. Darüber hinaus ist es sicherlich notwendig, eine auf die spezifische Persönlichkeitsstruktur der Spezies Hund angepasste dimensionale Klassifikation zu finden, um Störungen im Beziehungsverhalten von Hunden in Anlehnung an das ICD-11 besser beschreiben zu können. Ein Schritt in diese Richtung sind Projekte wie der C-BARQ, ein Test, der ursprünglich als Instrument zur Erfassung von Verhaltensproblemen bei Hunden konzipiert wurde und eine große Datenbank von Testergebnissen umfasst[59]. Der Test ist jedoch nicht spezifisch für Persönlichkeitsstörungen.

59 › https://vetapps.vet.upenn.edu/cbarq/about.cfm [Stand September 2025]

KAPITEL 3

PSYCHOEDUKATION

Wenn Menschen mit einem Problem konfrontiert werden, versuchen sie zu verstehen, wie es entstehen konnte, und versuchen, daraus Lösungsansätze abzuleiten. Diese Modelle sind wie eine verzerrte Brille, durch die das Problem betrachtet wird. Nehmen wir an, ein Pudel wurde im Welpenalter von einem großen, gelben Hund attackiert und zeigt heute ängstliches Verhalten anderen Hunden gegenüber. Der Halter hat noch immer Schuldgefühle, weil er seinen Welpen damals nicht beschützen konnte. Wann immer der Hund Angst vor anderen Hunden zeigt, beschützt er ihn daher und verlässt die Situation. Das begann damit, dass er nicht mehr zur Welpenspielgruppe gegangen ist und auf Spaziergängen erst die Straßenseite wechselte, wenn andere Hunde kamen, und aktuell nur noch dort spazieren geht, wo er keine anderen Hunde trifft. Dieser Halter übersieht in seinem Bemühen, den eigenen Hund zu schützen, dass von fremden, angeleinten Hunden keine besondere Gefahr ausgeht, und dass das Vermeidungsverhalten eine wichtige Rolle bei der Aufrechterhaltung der Ängste seines Hundes spielt. Wie sagt man ihm das?

Wenn Begriffe wie „Posttraumatische Belastungsstörung“ oder „Angststörung“ fallen, dann haben viele Menschen eine Vorstellung davon, was damit gemeint ist, wie Betroffene sich verhalten und wodurch diese Erkrankungen entstehen. Manchmal liegen sie richtig, oft haben sie jedoch Vorurteile und falsche Informationen, z. B. aus sozialen Medien. Bei Hunden kommt noch dazu, dass viele Menschen gar nicht wissen, dass auch Hunde an bestimmten psychischen Erkrankungen leiden können, die üblicherweise nur Menschen zugeschrieben werden. Sie sehen dann ihren Hund an und finden keine Übereinstimmungen zwischen seinen Problemen und dem Bild, dass sie sich von der diagnostizierten Erkrankung gemacht haben. Auch Stigmatisierung spielt noch immer eine große Rolle, die sich in der Frage äußern kann, ob der Hund jetzt „verrückt“ ist, d. h. unberechenbar, unkontrollierbar und ggf. gefährlich.

Die Aufgabe der Psychoedukation ist es, den Halter:innen die Diagnose mitzuteilen und ein gemeinsames und übereinstimmendes Verständnis der Symptomatik, ihrer Ursachen und Entwicklungsbedingungen, der aufrechterhaltenden Bedingungen und der Veränderungsmöglichkeiten zu entwickeln. Das ist ein wichtiger Teil der Therapie, weil eine mangelnde Übereinstimmung zwischen Halter:innen und Therapeut:innen den Therapieerfolg massiv gefährden kann. Wenn man bei der Psychoedukation dagegen sorgfältig, einfühlsam und geduldig vorgeht, legt man die Basis für eine tragfähige Arbeitsbeziehung.

DIAGNOSE

Es hat sich herausgestellt, dass es in der Arbeit mit Erwachsenen günstig ist, ihnen von Anfang an so viel Verantwortung wie möglich für den therapeutischen Prozess zu übergeben. Dies verringert die

Abhängigkeit von den Therapeut:innen und ist bereits Teil der Rückfallprophylaxe. Verhaltenstherapie besteht zum großen Teil darin, dass die Halter:innen im Alltag Veränderungen vornehmen und Übungen durchführen, die in der Therapiesitzung eingeübt und nachbesprochen werden. Die Therapeut:innen sollten sich dabei nicht in der Rolle der Expert:innen sehen, sondern von Anfang an die Begegnung auf Augenebene mit den Halter:innen fördern.

Auch bei der Mitteilung der Diagnose kann man darauf achten, indem man zunächst die beobachteten Symptome noch einmal zusammenfasst, die Diagnose mitteilt und dann fragt, was die Halter:innen selbst schon über diese Störung wissen oder gehört haben. Das erleichtert die Integration der folgenden Informationen in das eigene Erfahrungssystem und hilft, eine gemeinsame Sprache zu finden, wodurch es zu weniger Widerstand (Reaktanz) kommt. Sollte das Bild, dass sich die Halter:innen von der Störung machen, unvollständig oder falsch sein, kann man zunächst die Informationen bestätigen, die richtig sind. Dabei kann man versuchen, sich sprachlich anzupassen und das Gesagte zusammenfassen:

„Ja, eine Posttraumatische Belastungsstörung tritt manchmal auf, wenn jemand etwas sehr Schlimmes erlebt hat. Die Betroffenen haben dann oft Angst in ähnlichen Situationen und manchmal gibt es Trigger, die Panikattacken auslösen."

„Ja, bei der generalisierten Angststörung haben die Betroffenen eigentlich ständigAngst. Ängste treten in vielen verschiedenen Situationen auf, die gar nichts miteinander zu tun haben. "

Anschließend kann man ergänzen oder korrigieren:

„Neben den Panikattacken, wenn der Hund getriggert wird, treten bei vielen Betroffenen mit PTBS noch andere typische Symptome auf, die oft gar nicht damit in Zusammenhang gebracht werden, wie Schlafstörungen, Schreckhaftigkeit, Reizbarkeit, [...]. Das sehen wir ja auch bei Ihrem Hund, wenn er [Beispielsituationen schildern]."

„Bei der generalisierten Angststörung treten normalerweise keine richtigen Panikattacken auf, die nur in bestimmten Situationen oder bei bestimmten Reizen gezeigt werden. Das heißt nicht, dass die ständige Angst weniger belastend für Ihren Hund ist, aber es ist ein wichtiges Merkmal, dass uns hilft, die Symptome einzuordnen und z. B. von einer Phobie abzugrenzen."

Auf diese Weise kann man die typischen Symptome der Störung gemeinsam zusammentragen und die beobachteten Symptome beim Hund damit vergleichen.

INDIVIDUELLES STÖRUNGSBILD

Ziel dieses Schrittes ist es, miteinander die Faktoren zusammenzutragen, die an der Entstehung und Aufrechterhaltung des individuellen Störungsbildes beteiligt sind, d. h., den Halter:innen die Ergebnisse der ausführlichen Diagnostik zugänglich zu machen.

Auch hier bietet sich zunächst eine Frage an: „Was wissen Sie bereits darüber, wie [eine PTBS, Angststörung, …] entsteht?". Aufbauend auf dem, was die Halter:innen berichten, kann man das bio-psycho-soziale Modell (s. Seite 103) heranziehen, um die Entstehung psychischer Störungen in der Sprache der Halter:innen mit eigenen Worten zu erläutern. Dies kann sehr entlastend für die Halter:innen sein, wenn sie erkennen, dass nicht nur sie und ihr Verhalten oder ein einzelnes Ereignis für die Symptomatik des Hundes verantwortlich sind, sondern dass viele Faktoren zusammengespielt haben, um das Störungsbild hervorzurufen.

Anschließend kann man die Ergebnisse der Mikro-, Makro- und Plananalyse (s. AB 7–9) gemeinsam diskutieren. Dabei sollten die **Auslösebedingungen** besprochen werden (Risikofaktoren wie Stress, kritische Lebensereignisse und andere bedeutsame Veränderungen, körperliche Erkrankungen und Verletzungen, etc.) sowie die **Schutzfaktoren** (Resilienzfaktoren wie sichere Bindungen, soziale Unterstützung und Ressourcen des Hundes, s. AB 6), die man in der Diagnostik zusammengetragen hat. An dieser Stelle kann man zur Erläuterung das Vulnerabilitäts-Stress-Modell hinzuziehen. Mithilfe der Mikroanalyse (s. AB 7) kann man im nächsten Schritt die **aufrechterhaltenden Bedingungen** erläutern, an denen man in der Therapie ansetzen wird. Um ein besseres Verständnis für die Symptomatik zu bekommen und sich in den Hund und seine Bedürfnisse einzufühlen, ist es auch wichtig, über die **Funktion** des problematischen Verhaltens aus Sicht des Hundes zu sprechen, z. B. mithilfe der Plananalyse (s. AB 9). Der Überblick mithilfe der Arbeitsblätter unterstützt nicht nur dabei, alle relevanten Informationen für die Diagnose und Therapieplanung zusammenzutragen, sondern hilft auch den Halter:innen, die im nächsten Schritt vorgeschlagenen Therapieschritte besser nachzuvollziehen, wodurch sich Motivation und Mitarbeitsbereitschaft verbessern.

ABLEITUNG DER THERAPIESCHRITTE

Aufbauend auf den Informationen aus dem vorherigen Schritt, wird jetzt das therapeutische Vorgehen erläutert. Auch hier kann man mit einer Frage beginnen: „Was wissen Sie darüber, wie eine Therapie bei einer [PTBS, Angststörung, …] aussehen kann?“ Viele verhaltenstherapeutische Techniken sind allgemein bekannt – zumindest als Begriff. Manche Halter:innen haben vielleicht sogar schon etwas ausprobiert, allein oder mithilfe von Hundetrainer:innen oder Tierärzt:innen. Wie bei der Diagnosemitteilung kann man richtige Informationen verstärken und im Anschluss gegebenenfalls ergänzen oder korrigieren.

In diesem Schritt geht es darum, gemeinsam mit den Halter:innen einen groben Plan zu skizzieren (s. Kapitel 1.4.2. Therapieplanung), welche Schritte in der Therapie gemeinsam gegangen werden, welche Übungen die Halter:innen mit den Hunden im Alltag durchführen werden und was man am Ende der Therapie zur Rückfallprophylaxe unternehmen wird. Dabei sollte deutlich werden, dass es sich um einen Entwurf handelt, dessen konkrete Ausgestaltung von vielen Faktoren abhängt, z. B. von der individuellen Persönlichkeit des Hundes und seinen Reaktionen auf die einzelnen Therapieschritte sowie von der Mitarbeit und dem Engagement der Halter:innen bei den Übungen.

Die verhaltenstherapeutischen Techniken (z. B. graduelle Exposition, Habit-Reversal-Training) müssen in diesem Schritt so erläutert werden, dass die Halter:innen verstehen, wo im Störungsbild die Behandlungstechnik ansetzt und welcher Wirkmechanismus dahinter steckt. Mögliche Bedenken und Unsicherheiten sollten ernst genommen und besprochen werden.

Anschließend kann man den ersten konkreten Schritt des Therapieplans und die möglichen Inhalte der nächsten Sitzung skizzieren, ggf. auch eine Beobachtungsaufgabe, ein Verhaltensexperiment oder eine Übung für den Alltag bis zur nächsten Sitzung mitgeben. Der Begriff „Hausaufgabe" ist für viele Menschen negativ belegt und sollte vermieden werden, um Reaktanz zu vermeiden. Die aktive Mitwirkung zwischen den Sitzungen stärkt die Verantwortungsübernahme der Halter:innen, indem man sie gleich von Beginn an in die Therapie einbezieht.

Wichtig ist, dass die Halter:innen die Therapieplanung nachvollziehen können und der Therapie zustimmen (Sicherung der Compliance[60]). Um das zu erreichen, sollte kein Druck ausgeübt werden. Es

60 › Compliance: aktive Mitarbeitsbereitschaft an therapeutischen Maßnahmen.

gibt viele Gründe, weshalb Menschen sich gegen eine Psychotherapie, ein bestimmtes Verfahren wie die Verhaltenstherapie oder eine therapeutische Zusammenarbeit mit einer bestimmten Person entscheiden. Kann die Zustimmung nicht erzielt werden, endet die Zusammenarbeit ggf. an dieser Stelle.

Am Ende der Psychoedukation kann es hilfreich sein, die Ziele der Therapie (s. AB 3 und AB 4) noch einmal zu überprüfen und ggf. anzupassen.

KAPITEL 4

VERHALTENSTHERAPEUTISCHE VERFAHREN

Psychotherapeutische Verfahren sind Interventionen, die bei psychischen Störungen zum Einsatz kommen und deren Wirksamkeit empirisch mithilfe wissenschaftlicher Methoden überprüft und nachgewiesen wurde. Sie basieren auf theoretischen Modellen zur Entstehung und Aufrechterhaltung psychischer Erkrankungen[61]. Auch Risiken und Nebenwirkungen der Verfahren wurden empirisch-wissenschaftlich geprüft und müssen den Patient:innen vorab mitgeteilt werden. Nicht alle psychotherapeutischen Techniken sind für den Einsatz bei jeder psychischen Erkrankung geeignet, manche haben sich als ineffektiv erwiesen, für manche gibt es sogar Kontraindikationen, die ihren Einsatz bei bestimmten Störungsbildern verbieten. Diese sollte man selbstverständlich kennen.

---

61 › Vgl. Wittchen, H. U., Hoyer, J., Fehm, L., Jacobi, F., & Junge-Hoffmeister, J. (2011). Klinisch-psychologische und psychotherapeutische Verfahren im Überblick. In Klinische Psychologie & Psychotherapie (pp. 449-475). Springer.

Die Verhaltenstherapie ist ein Therapieverfahren unter Hunderten (z. B. Systemische Therapie, Psychoanalyse, Klientenzentrierte Psychotherapie, Kunsttherapie, Psychodrama), wobei in Deutschland nur wenige Psychotherapieverfahren durch den wissenschaftlichen Beirat Psychotherapie (nach § 8 PsychThG[62]) wissenschaftlich anerkannt sind.

Margraf definiert den Begriff der Verhaltenstherapie wie folgt:

„Die Verhaltenstherapie ist eine auf der empirischen Psychologie basierende psychotherapeutische Grundorientierung. Sie umfasst störungsspezifische und -unspezifische Therapieverfahren, die aufgrund von möglichst hinreichend überprüftem Störungswissen und psychologischem Änderungswissen eine systematische Besserung der zu behandelnden Problematik anstreben. Die Maßnahmen verfolgen konkrete und operationalisierte Ziele auf den verschiedenen Ebenen des Verhaltens und Erlebens, leiten sich aus einer Störungsdiagnostik und individuellen Problemanalyse ab und setzen an prädisponierenden, auslösenden und/oder aufrechterhaltenden Problembedingungen an. Die in ständiger Entwicklung befindliche Verhaltenstherapie hat den Anspruch, ihre Effektivität empirisch abzusichern.[63]"

In diesem Kapitel werden die wichtigsten verhaltenstherapeutischen Verfahren vorgestellt, die man auch mit Hunden und anderen Tieren umsetzen kann. Das ist vergleichbar mit der Beschreibung einer

62 › PsychThG ist die Abkürzung für das Gesetz über den Beruf der Psychotherapeutin und des Psychotherapeuten, welches Berufsbezeichnung und Berufsausübung regelt.

63 › Zitiert nach: Margraf, J. & Schneider, S. (2009). Lehrbuch der Verhaltenstherapie. Band 1. (3. Aufl.). Springer Medizin Verlag, S. 6.

Blinddarmoperation in einem chirurgischen Handbuch. Es würde hoffentlich niemand nach dem Lesen auf die Idee kommen, einen entsprechenden Eingriff ohne angemessene Ausbildung und Training an einem lebenden Patienten durchzuführen. Auch die konkrete Durchführung psychotherapeutischer Techniken muss, anschließend an das Verständnis der lerntheoretischen Grundlagen der Technik, in der Praxis trainiert und zunächst supervidiert[64] werden. In diesem Sinne ähnelt die Psychotherapieausbildung eher dem Erlernen eines Handwerks[65] und erfordert neben der theoretischen eine umfangreiche praktische Ausbildung. Dazu gehört auch, wie und in welcher Reihenfolge man die Puzzleteile, d. h. die unterschiedlichen verhaltenstherapeutischen Techniken, zusammensetzt. Das ist für jede:n Patient:in individuell verschieden und kann nur durch Erfahrung unter praktischer Anleitung erlernt werden. Zur Unterstützung gibt es für die Behandlung psychischer Erkrankungen bei Menschen störungsspezifische Manuale[66], in denen die verhaltenstherapeutischen Techniken zu strukturierten, wissenschaftlich evaluierten Behandlungsprogrammen zusammengestellt sind, nach denen man Schritt für Schritt vorgehen kann. Diese Manuale umfassen oft mehrere hundert Seiten und setzen die Beherrschung der verhaltenstherapeutischen Grundlagen voraus.

---

64 › Supervision ist die Beratung und Beaufsichtigung von Psychotherapeuten durch erfahrene Kolleg:innen. Insbesondere in der Ausbildung von Psychotherapeut:innen spielt die Supervision eine wichtige Rolle. Die Behandlung von Patient:innen findet zunächst einige Jahre unter Aufsicht statt, ehe mit Erwerb der Approbation die Erlaubnis zur selbstständigen Berufsausübung in Heilberufen erteilt wird.

65 › Der praktische Teil der Ausbildung zum Psychologischen Psychotherapeuten umfasst derzeit 2 400 h.

66 › Z. B. Bohus, M., & Wolf-Arehult, M. (2016). Interaktives Skillstraining für Borderline-Patienten: das Therapeutenmanual : mit 158 Info- und Arbeitsblättern (2. Aufl.). Schattauer.

EXPOSITIONSVERFAHREN

Expositionsverfahren haben sich bei vielen psychischen Erkrankungen bewährt, insbesondere bei Phobien und Zwangsstörungen, aber u. a. auch bei PTBS (Traumakonfrontation) und Suchterkrankungen (Umgang mit „Craving", d. h. Suchtdruck). Sie stellen i. d. R. nur einen Teil der eigentlichen Therapie dar, wenn auch einen bedeutsamen. Wann genau sie im Therapieverlauf eingesetzt werden, ist individuell und auch je nach Störung unterschiedlich. Oftmals braucht es vorbereitende Maßnahmen, z. B. das Erlernen von Techniken zur Emotions- und Erregungsregulation (Skills, Entspannungstechniken), die Herstellung einer ausreichenden Therapiemotivation und eine vertrauensvolle therapeutische Beziehung. Wenn die Halter:innen selbst die Exposition im Alltag durchführen sollen, muss eine sorgfältige Psychoedukation zu den Übungen stattfinden.

Prinzip der Expositionsverfahren

Ziel der Expositionsverfahren ist es, dass die Patient:innen lernen, **sich mit angstauslösenden oder belastenden, aber an sich harmlosen, inneren oder äußeren Reizen zu konfrontieren und die auftretenden Gefühle, Impulse und Erregungszustände zu bewältigen,** statt wie bisher Vermeidungsreaktionen zu zeigen (z. B. Flucht, Dissoziation, Sicherheitsverhalten).

Die Idee dahinter besteht darin, dass starke Emotionen und Erregungszustände nicht ewig andauern können. Angst und körperliche Stresssymptome, wie sie z. B. im Rahmen von Phobien auftreten, steigern sich schnell bei der Konfrontation mit dem phobischen Reiz und fallen dann relativ bald wieder ab, da nichts Schlimmes passiert, dass die starke Anspannung rechtfertigt (s. Abb. 1). Dasselbe gilt für akutes Verlangen, bestimmte Handlungen auszuführen, im Rahmen von Suchterkrankungen (Craving) oder Zwangserkrankungen (Zwang).

Indem die Patient:innen in der Konfrontation bleiben, statt wie bisher in irgendeiner Form auszuweichen, um die Anspannung und unangenehme Emotionen zu regulieren oder sich vor einer vermeintlichen Gefahr zu schützen, können sie erleben, dass weder der Reiz noch die körperliche Stressreaktion, die Emotion oder zwanghafte oder suchtbedingte Verlangen gefährlich sind. Dafür ist es notwendig, dass ein ausreichend hohes Maß an psychophysiologischer Aktivierung auftritt (erkennbar u. a. an Unruhe, Hecheln, erhöhtem Puls etc.), sodass die belastenden Gefühle auch tatsächlich auftreten und eine Gewöhnung daran möglich ist. Der Erfolg hängt außerdem davon ab, dass während der Konfrontation Informationen verarbeitet werden können, die mit dem bislang Gelernten nicht vereinbar sind und zur Bildung neuer Assoziationen führen. Der Hund könnte z. B. einen Menschen bislang mit Gefahr assoziieren. Die wiederholte Konfrontation mit einem sich freundlich oder neutral verhaltenden Menschen widerspricht der Annahme, dass alle Menschen gefährlich sind. Stattdessen könnten Menschen nun mit Futter oder Zuwendung assoziiert werden. Damit wir uns besser einfühlen können, noch ein weiteres Beispiel aus eigener Erfahrung: Eine Vogelspinne, die über die Hand krabbelt, wird vom Spinnenphobiker mit Lebensgefahr assoziiert. In der Konfrontation kann gelernt werden, dass eine friedlich über den Körper krabbelnde Vogelspinne keine Gefahr darstellt, da sie einen Menschen nur als Untergrund wahrnimmt und ihn daher nicht angreifen wird. Dauert das friedliche Gekrabbel lange genug an, wird der Patient mit nachlassender Erregung schließlich nicht nur kognitiv, sondern aus eigener Erfahrung wahrnehmen können, dass tatsächlich nichts passiert. Jetzt muss man nur noch die Motivation aufbringen, die Konfrontation ein paar Mal zu wiederholen.

Gefühle und Erregung steigern sich auch nicht, wie befürchtet, ins Unermessliche und Überwältigende, sondern erreichen einen Höhepunkt und lassen dann nach.

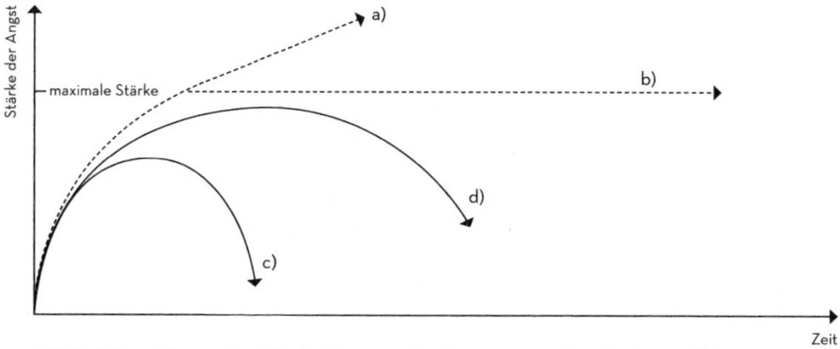

Abb. 1: a) Diese Kurve entspricht der Erwartung der Patient:innen, dass die Angst sich bis ins Unendliche steigern wird bzw. b) auf maximalem Niveau für immer anhalten wird. Die Kurve c) entspricht dem Verlauf der belastenden Gefühle, wenn die Patient:innen die Konfrontation, wie im Alltag gewohnt, abbrechen, während d) den realen Verlauf bei anhaltender Konfrontation wiedergibt.

Die Wiederholung der Konfrontation führt zur Löschung der Verbindung zwischen einem harmlosen Reiz und den belastenden Gefühlen. Bei wiederholter Konfrontation steigt die Angst mit jeder Wiederholung weniger stark an und fällt schneller wieder ab (s. Abb. 2).

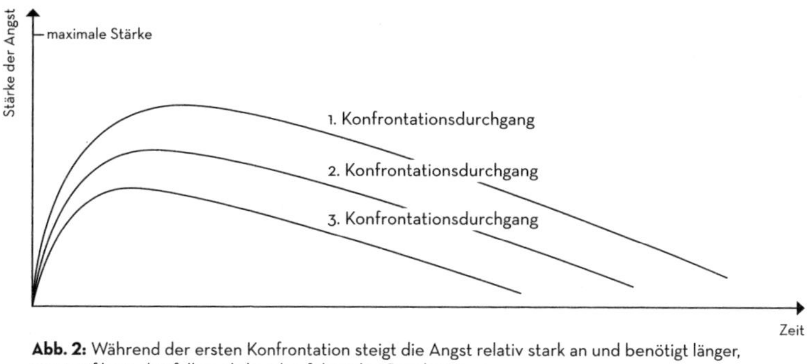

Abb. 2: Während der ersten Konfrontation steigt die Angst relativ stark an und benötigt länger, um signifikant abzufallen, als bei den folgenden Durchgängen.

Arbeitet man mit einer graduellen Exposition (Habituationstraining), dann genügt die Stärke der psychophysiologischen Aktivierung nach einigen Wiederholungen nicht mehr, um ausreichende Lernerfolge zu erzielen. Das ist ein Zeichen dafür, dass es Zeit ist, den nächsten Schritt in der Angsthierarchie zu gehen.

Erfolgreiche Habituation erkennt man daran, dass *innerhalb einer Sitzung* bei jeder nachfolgenden Konfrontation die Stärke der Erregung und die Intensität der belastenden Gefühle geringer ist als bei der vorhergehenden Konfrontation (s. Abb. 2). *Über die Sitzungen hinweg* nimmt die Stärke der Reaktion bei der ersten Konfrontation der nachfolgenden Sitzung verglichen mit der Stärke der Reaktion bei der ersten Konfrontation in der vorhergehenden Sitzung ab. Die subjektive Belastung bei gleicher Reizintensität in der Exposition lässt also über die Sitzungen hinweg nach. Es wird nicht die Belastung am Ende der Sitzungen verglichen, sondern die Belastung zu Beginn jeder Sitzung (s. Abb. 3).

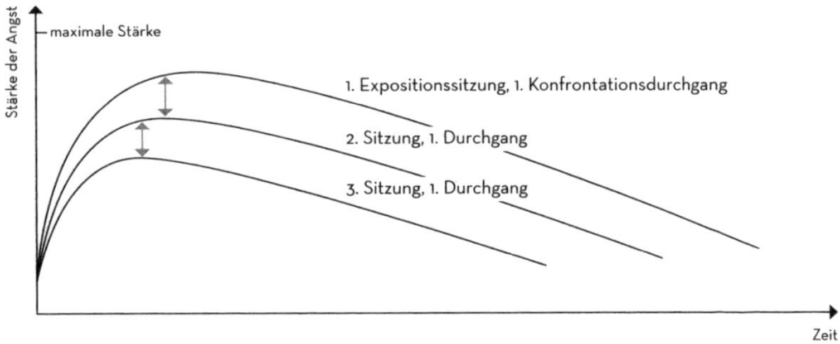

Abb. 3: Ein Abfall der anfänglichen Belastung über die Sitzungen hinweg bei gleichbleibender Intensität des Reizes, ist ein gutes Zeichen, dass das Habituationstraining wirkt.

Fehlende Habituation

Findet keine Habituation innerhalb einer Sitzung oder über die Sitzungen hinweg statt, sollte man innehalten und sorgfältig nach der Fehlerquelle suchen.

Möglicherweise zeigt der Hund noch Vermeidungs- oder Sicherheitsverhalten innerhalb der Konfrontationssitzungen, das bisher übersehen wurde (Dissoziation, Ablenkung etc.).

Zu geringe oder zu hohe psychophysiologische Aktivierungen können ebenfalls den Lerneffekt reduzieren, dann sollte die Abstufung der Konfrontation überdacht werden und die Schwierigkeit sollte, wenn möglich, erhöht oder reduziert werden. Ist es nicht möglich, die Auslösereize abgestuft darzubieten, kann mithilfe von Skills die Erregungs- und Emotionsregulation angeregt oder unterstützt werden.

Möglicherweise sind die Konfrontationsdurchgänge auch zu kurz, um Zeit für einen ausreichenden Abfall der Belastungsstärke zu bieten. Das stellt eine besondere Herausforderung bei Reizen dar, die nur sehr kurz auftreten (z. B. Schüsse) oder im therapeutischen Setting schwer zu kontrollieren sind (z. B. Gewitter).

Die Auswertung von Videoaufzeichnungen und der Austausch im Rahmen einer Supervision können hilfreich sein, um mögliche Fehlerquellen aufzudecken.

Daneben sollte die Möglichkeit geprüft werden, dass der Hund außerhalb der Therapie immer wieder negative Erfahrungen mit den belastenden Reizen macht, die Reize also nicht tatsächlich harmlos sind. Vielleicht treten die Reize oder Situationen, mit denen der Hund in der Therapie konfrontiert wird, auch weiterhin unkontrolliert im Alltag auf, sodass der Hund dann wieder Vermeidungs-, Sucht- oder Zwangsverhalten zeigen kann. Insbesondere die letzten beiden Punkte sind relevant für die Entscheidung, ob man ein Expositionstraining überhaupt beginnen sollte. Es sollte davon abgesehen werden, wenn die belastenden Reize oder Situationen nicht so kontrollierbar im Alltag sind, dass der Hund keine negativen Erfahrungen außerhalb des therapeutischen Settings machen kann, oder wenn nicht sichergestellt werden kann, dass Vermeidungs-, Sucht- oder Zwangsverhalten verhindert werden kann (Reaktionsblockierung bzw. Reaktionsmanagement).

Arten von Expositionsverfahren

Beim Menschen kann die Konfrontation mit belastenden Reizen (phobische Reize, traumatische Erinnerungen, Reize, die Sucht- oder

Zwangsverhalten auslösen) grundsätzlich auf zwei Arten erfolgen: **in sensu** (d. h. in der Vorstellung) oder **in vivo** (d. h. im realen Leben). Da wir Hunde nicht anleiten können, sich etwas gezielt vorzustellen und dann dabei kein kognitives Vermeidungsverhalten zu zeigen (bspw. an etwas Schöneres denken als die phobische Situation), bleiben uns nur die In-vivo-Verfahren. Die In-vivo-Konfrontation führt nach Kandale und Rugenstein (2022) im Gegensatz zu der Konfrontation in sensu zu einem schnelleren Angstabfall und wird daher als günstiger betrachtet. Weiterhin bietet sie den Vorteil, dass man eventuelles Vermeidungs- und Sicherheitsverhalten leichter überprüfen kann, ggf. durch Videoaufnahmen.

Weiterhin kann die Konfrontation **massiert** erfolgen, d. h., es wird mit dem Reiz oder der Situation auf höchster Stufe konfrontiert, oder **graduiert**. Bei der graduierten Konfrontation wird eine Hierarchie von belastenden Reizen oder Situationen erstellt, von den einfachsten bis zu den schwierigsten. Das Vorgehen in der Therapie erfolgt dann schrittweise entlang dieser Hierarchie, wobei meist im mittleren Bereich begonnen wird, um eine ausreichende psychophysiologische Aktivierung sicherzustellen. Die massierte Konfrontation scheint bezüglich der Effektivität leicht überlegen zu sein, belastet jedoch die Patient:innen und Halter:innen u. U. sehr stark und kann vom Gesetzgeber für die Anwendung bei Hunden reglementiert sein.

Die graduierte Konfrontation sollte gewählt werden,

- wenn medizinische oder rechtliche Gründe eine starke Belastung verbieten (s. Kapitel Kontraindikationen),
- wenn die Situation oder der Reiz reale Gefahren beinhalten (z. B. die Konfrontation mit einer Schlange oder Vogelspinne bei unsachgemäßem Verhalten sowohl für die Spinne bzw. Schlange als auch für die Patient:innen, selbst- und fremdgefährdendes Verhalten eines hoch erregten Hundes),

- wenn die Motivation für eine massierte Konfrontation nicht ausreichend ist (z. B. wenn hartnäckiges Vermeidungs- und Sicherungsverhalten gezeigt wird, oder wenn die therapeutische Beziehung übermäßig belastet werden könnte),
- wenn die Therapeut:innen oder Halter:innen, die die Konfrontation durchführen, keine ausreichende Erfahrung im Umgang mit hohen Erregungszuständen bei Hunden haben.

Aus der Kombination dieser Aspekte ergibt sich folgende Vier-Felder-Tafel:

	In sensu	**In vivo**
Graduiert	Systematische Desensibilisierung	Graduierte Exposition, Habituationstraining
Massiert	Implosion	Flooding

Systematische Desensibilisierung

Die Systematische Desensibilisierung wurde von Joseph Wolpe in den 50er-Jahren entwickelt und ist seitdem ein wichtiger Baustein der Verhaltenstherapie beim Menschen. Sie ist als In-sensu-Verfahren mit Hunden nicht anwendbar. Wenn in der Hundeszene von „Systematischer Desensibilisierung“ gesprochen wird, sind entweder Techniken zur graduierten Exposition in vivo (Habituationstraining) oder zur Gegenkonditionierung gemeint. Die Verwendung desselben Begriffs für zwei unterschiedliche Techniken der Verhaltenstherapie (Habituationstraining vs. Gegenkonditionierung) ist unglücklich und kann zu Missverständnissen führen. Verwendet man den Begriff der Systematischen Desensibilisierung in Bezug auf Tiere, dann muss man zudem sorgfältig darauf achten, dass man bei der Recherche zu diesen Techniken nicht auf Mechanismen und Forschungsergebnisse stößt, die für die Anwendung in sensu (in der Vorstellung) gelten und nicht für die graduierte Exposition in vivo, z. B. was die Zeitdauer von Exposition und Entspannung betrifft.

Die Systematische Desensibilisierung basiert auf der Annahme, dass belastende Gefühle und Entspannung unvereinbar sind (reziproke Hemmung). Ziel ist es, die Assoziation von eigentlich harmlosen (phobischen oder belastenden) Reizen mit der Angst- oder Belastungsreaktion (klassisch konditionierte, emotionale Reaktion) aufzuheben (Löschung), indem der harmlose Reiz stattdessen mit einer Entspannungsreaktion assoziiert wird (Gegenkonditionierung).

Die Patient:innen erlernen zunächst ein Entspannungsverfahren. Dann werden sie gebeten, eine Angsthierarchie bzw. eine Liste belastender Reize (z. B. hypochondrische Gedanken an eine mögliche Erkrankung, traumatische Erinnerungen, Schlangen, bakterienverseuchte Türgriffe, eine Flasche kühles Bier) zu erstellen, die auf einer Skala von 0 bis 100 eingeordnet werden. Anschließend werden sie angeleitet, sich für ca. 10–40 Sekunden zu entspannen und sich dann die belastende Situation so konkret wie möglich für 10–20 Sekunden vorzustellen. Dies wird so oft wiederholt, bis eine konkrete Situation angstfrei bzw. ohne Zwangs- oder Suchtdruck erlebt wird. Dann nimmt man sich die nächste Situation von der Liste vor[67].

Gegenkonditionierung

Möchte man das Prinzip der Systematischen Desensibilisierung in der Praxis (in vivo) bei Hunden anwenden, verwendet man Techniken zur Gegenkonditionierung. Dabei werden klassisch konditionierte Reaktionen mit unvereinbaren Reaktionen quasi „überschrieben".

Eine klassische Konditionierung entsteht, wenn ein zunächst neutraler Stimulus (NS) mit einem unkonditionierten Stimulus (US), der eine unkonditionierte Reaktion (UR) auslöst, durch wiederholte Darbietung gekoppelt wird (Pawlows Hund: Glocke [NS] + Futter [US] → Speicheln [UR]). Aus dem neutralen Stimulus wird ein kon-

67 › Vgl. Kandale & Rugenstein, 2022.

ditionierter Stimulus (CS), der nun auch in Abwesenheit des US eine konditionierte Reaktion (CR) auslöst (Pawlows Hund: Glockenton [CS] → Speichelfluss [CR]).

Die ursprüngliche Angstreaktion (CR1) wird mithilfe der Gegenkonditionierung ersetzt durch eine damit unvereinbare Reaktion (CR2), z. B. Entspannung oder Freude.

Ein Hund kann beispielsweise Angst haben, wenn ihn andere Hunde hinter Zäunen anbellen. Bekommt er dabei hochwertige Leckerli angeboten, lernt er durch Gegenkonditionierung, das Angebelltwerden positiv zu verknüpfen, sodass Angst (CR1) durch Freude (CR2) ersetzt wird.

Dieses Prinzip kann man nicht nur massiert, sondern auch abgestuft umsetzen, indem man z. B. den Abstand zum Zaun oder die Ernsthaftigkeit der Bedrohung variiert. Damit hätte man für die Gegenkonditionierung ein graduiertes Vorgehen gewählt, das der Systematischen Desensibilisierung entspricht.

Die Gegenkonditionierung kann auch eingesetzt werden, um das mit einem Auslösereiz (Knall) assoziierte ursprüngliche Verhalten (Flucht) durch ein damit inkompatibles Verhalten (zur Halterin laufen) zu ersetzen (s. Operante Verfahren, S. 173).

Habituationstraining

Beim Habituationstraining bzw. der graduierten Exposition verzichtet man weitgehend auf Entspannungstechniken. Sie werden nur eingesetzt, wenn es zur Erregungsregulation absolut notwendig ist, und nur so lange wie nötig. Ziel ist nicht Gegenkonditionierung, sondern dass Patient:innen sich an belastende Reize und Gefühle gewöhnen und erkennen, dass keine Bedrohung besteht.

Auch hier wird schrittweise mit hierarchischen Listen belastender Reize und Situationen gearbeitet und manchmal mit schwachen, oft jedoch mit mittelstarken Reizen begonnen.

Die Wirkung basiert auf Habituation[68] und Löschung der klassisch konditionierten Angst-, Sucht- oder Zwangsgefühle.

Löschung (Extinktion) tritt dann auf, wenn dem CS kein US mehr folgt. Wenn ein Individuum im Rahmen der Therapie wiederholt die Erfahrung macht, dass dem belastenden Reiz (CS) keine unangenehmen Konsequenzen (US) folgen, schwächt sich die klassisch konditionierte Reaktion[69] (CR) ab, bis sie schließlich nicht mehr beobachtbar ist. Dies würde auch ohne Therapie im Alltag von selbst geschehen – und tatsächlich „verlernen" Hunde auf diese Weise oft schlechte Erfahrungen wieder –, doch häufig bewirkt das erlernte, operant konditionierte Vermeidungs-, Sucht- oder Zwangsverhalten, dass das Individuum keine korrigierenden Erfahrungen mit dem belastenden Reiz machen kann. Stattdessen wird das problematische Verhalten durch das Nachlassen der belastenden Gefühle negativ belohnt und kann, wie alle gut trainierten, operant konditionierten Verhaltensweisen, immer schlechter willentlich gesteuert werden.

---

68 › Habituation bezeichnet eine einfache, nicht-assoziative Lernform, bei der die Reaktion auf einen harmlosen oder bedeutungslosen Reiz mit jeder Wiederholung schwächer wird. Sie gehört zu der Kategorie des impliziten Lernens und braucht daher weder Aufmerksamkeit noch bewusste Verarbeitung. Die Kurzzeithabituation hält nur kurze Zeit an. Danach wird der Reiz wieder als intensiv, störend oder belastend empfunden. Sie basiert u. a. auf kurzzeitigen und reversiblen Veränderungen in der Signalübertragung an den Synapsen (Verbindung zwischen Nervenzellen). Die Langzeithabituation setzt ein, wenn die mehrfache Darbietung eines Reizes und die dadurch bedingte Kurzzeithabituation über einige Wochen wiederholt stattfindet. Sie entsteht u. a. durch strukturelle Veränderungen an den Synapsen, z. B. durch Verlust von synaptischen Verzweigungen, wodurch die Reaktion langfristig abgeschwächt bleibt.

69 › Reaktion in der klassischen Konditionierung sind physiologische Reaktionen, Reaktionen des Immunsystems, einfache Schutz- und Abwehrreflexe, Emotionen, Erregungszustände und Verlangen (Sucht bzw. Zwangsdruck). Willkürverhalten wie Vermeidungs-, Sucht- und Zwangsverhalten ist nicht gemeint, dieses wird durch operante Konditionierung geformt.

Beispiel

Zur Illustration soll das Beispiel einer jungen Kurzhaarcolliehündin (sechs Monate) dienen, die im Urlaub Angst zeigt, die schwankenden Hängebrücken zu überqueren, die im Naturreservat Stendörren in Schweden die Inseln miteinander verbinden. Da die Halter noch nicht wissen, wie die junge Hündin reagieren wird, ergreifen sie zunächst Maßnahmen, um die Motivation maximal zu erhöhen, indem der eine Partner mit den anderen Hunden vorangeht. Die Hündin zeigt, wie auch im Alltag, am Anfang der Brücke wie erwartet die starke Tendenz, der Gruppe unbedingt folgen zu wollen, ohne sich dabei jedoch übermäßig aufzuregen. Zudem beobachtet sie, dass die älteren Hunde und die menschliche Bezugsperson sicher und gelassen die Brücke bewältigen (sichere Modelle). Nach Betreten der Brücke zeigt sie zunehmende Unsicherheit und schließlich in der Mitte der Brücke, wo die Schwankungen am stärksten sind, Angst. Jetzt befindet sie sich am Scheideweg. Flieht sie oder friert sie ein und muss von der Brücke getragen werden, kann sie keine positiven Bewältigungserfahrungen machen und nicht lernen, dass das Schwanken harmlos und sie sicher ist. Möglicherweise zeigt sie dann bei einem erneuten Versuch schon früher und ausgeprägter Angstsymptome und Vermeidungsverhalten. Der Halter gibt ihr nun auf der Mitte der Brücke Zuwendung, Trost und Versicherung (Einsatz des Bindungshormons Oxytocin als Gegenspieler der Stressreaktion). Er ermuntert sie ruhig, den Blick auf die Gruppe ihrer Sozialpartner vor sich zu richten, die am anderen Ufer warten (Lenkung der Aufmerksamkeit auf Sicherheitssignale, Vermeidung von starker Erregung – auch nicht freudiger, da diese die Angstreaktion unbeabsichtigt verstärken kann). Die Hündin entschließt sich, vorsichtig weiterzugehen (intrinsische Motivation zur Konfrontation mit dem angstauslösenden Reiz). Am Ende angekommen, zeigt sie sichtbare Erleichterung und Freude. Bei den folgenden Brücken wird der Ablauf genauso beibehalten. Die nächste Brücke überquert sie deutlich flüssiger, aber noch mit Zeichen von Unsicherheit und Zögern in der Mitte der Brücke. Auf der dritten Brücke zögert sie nicht mehr und zeigt nur noch geringe Unsicherheit im Mittelteil. Auf dem Rückweg sind erneut die drei Brücken zu überqueren, was ihr zunehmend selbstbewusster gelingt. Der gesamte Verlauf zeigt, dass eine Habituation über die Konfrontationsdurchgänge hinweg stattgefunden hat und der Ablauf beibehalten werden kann. In den folgenden Tagen wird das Reservat noch insgesamt dreimal besucht. Sie zeigt bald keine Anzeichen von Unsicherheit mehr und geht schließlich auch als Erste über die Brücken, gefolgt von der restlichen Gruppe. Dabei geht sie langsam und gelassen an der Leine und schaut sich interessiert in ihrer Umgebung um.

Der genaue Ablauf, der Aufbau einer möglichst intrinsischen Motivation, Einsatz von gelassenen Modellen, Zuwendung und Sicherheitssignalen sowie der Umgang mit Komplikationen („Was mache ich, wenn …") sind individuell sehr verschieden. Das Beispiel soll daher nicht zum Nachmachen animieren, sondern nur ein Bild der Technik vermitteln. Es sei hier noch einmal daran erinnert, dass der therapeutischen Konfrontation ein gegenseitiges Kennenlernen, der Aufbau einer tragfähigen Beziehung, Diagnostik und ggf. Vorübungen vorangehen, wodurch es leichter wird, individuelle Antworten für den Patienten Hund zu finden. Zudem erfordert die Anwendung verhaltenstherapeutischer Techniken eine gute Ausbildung, die das Sammeln ausgiebiger Praxiserfahrung unter Supervision einschließt.

Bei einer graduierten Konfrontation würde man eine Situation aus der Angsthierarchie wählen, die Gefühle von Unsicherheit, möglicherweise auch von Angst hervorruft, aber gut bewältigt werden kann. **Modelle**, die Sicherheit geben, versichernde **Zuwendung** (Oxytocin) und die Aufmerksamkeitslenkung auf **Sicherheitssignale** können dabei unterstützen. Wird der aktuelle Schritt der Angsthierarchie gut bewältigt, geht man zum nächsten über.

Der Begriff der Löschung impliziert, dass die Assoziation zwischen belastendem Reiz und Emotion, Verlangen (Sucht-, Zwangsdruck) sowie psychophysiologischer Erregung aufgelöst wird. Dies ist jedoch nicht der Fall. Stattdessen wird die alte Verbindung lediglich abgeschwächt bzw. gehemmt und kann unter bestimmten Umständen wieder enthemmt, d. h., reaktiviert werden. Pawlow, der Entdecker der klassischen Konditionierung, sprach selbst nicht von Löschung, sondern ging bereits von einer Hemmung der klassisch konditionierten Assoziation zwischen Reiz und Reaktion aus.

Es gibt Phänomene, die im Rahmen des Habituationstrainings auftreten, die widerlegen, dass eine echte Löschung stattfindet, und die in der Verhaltenstherapie berücksichtigt werden müssen.

- **SPONTANERHOLUNG:** Eine scheinbar gelöschte Reaktion (z. B. Angst) kann, wenn keine weitere Konfrontation mit dem Auslösereiz (CS) mehr erfolgt, nach einer Weile von selbst wieder auftreten, wenn das Individuum mit dem CS konfrontiert wird. Das bedeutet, die Halter:innen müssen im Rahmen der Rückfallprophylaxe darüber aufgeklärt werden, dass das Expositionstraining auch nach Abschluss der Verhaltenstherapie weiter fortgesetzt werden muss. Man darf nicht wieder beginnen, den ehemals belastenden Reizen auszuweichen. Um eine Spontanerholung zu vermeiden, ist es günstig, wenn der Hund, je nach belastendem Reiz bzw. Situation, zunächst weiter mehrfach wöchentlich, dann mindestens mehrfach monatlich mit dem CS konfrontiert wird. (Im Rahmen dieses Erhaltungstrainings kann der CS, wenn möglich, auch mit einer Gegenkonditionierung positiv belegt werden, um die Löschung weiter zu vertiefen.)
- **ERNEUERUNG:** Die scheinbar gelöschte Reaktion tritt in einem anderen Kontext wieder auf. Das bedeutet, dass die Konfrontationsübungen in verschiedenen Kontexten im Alltag stattfinden müssen und nicht nur auf dem Hundeplatz.

- **WIEDERINKRAFTSETZUNG:** Bei der Konfrontation mit dem CS kann es erneut zum Auftreten der CR kommen, ohne dass der US erneut präsent war. Insbesondere Suchtdruck kann so bei Kontakt mit dem ursprünglichen Reiz trotz erfolgreicher „Löschung" wieder auftreten, selbst wenn das Suchtverhalten nicht gezeigt werden konnte. Ein Balljunkie könnte beispielsweise einen Rückfall erleiden und erneut Suchtdruck (hohe Appetenz) zeigen, wenn er Kinder beim Ballspielen beobachtet hat, selbst wenn er dabei den Ball nicht hetzen konnte.
- **SCHNELLES WIEDERERLERNEN:** Wird der CS erneut mit dem US zusammen dargeboten, kann die konditionierte Reaktion (CR) schneller wieder erlernt werden als beim ersten Mal. Erlebt der Hund also erneut etwas Unangenehmes oder Bedrohliches, nachdem er den ursprünglichen, angstauslösenden Reiz wahrgenommen hat, kann die Angstreaktion schnell und stark wieder auftreten (z. B. eine erneute unangenehme oder schmerzhafte Behandlung in der Tierarztpraxis).
- **SCHIZOKINESIS:** Die einzelnen Komponenten einer klassisch konditionierten Reaktion können einen unterschiedlich hohen Löschungswiderstand aufweisen. Bei Schafen konnte beobachtet werden, dass sie im Rahmen der Löschung zwar aufhörten, auf einen in der Lernphase mit einem Elektroschock (US) gepaarten CS hin das Bein zurückzuziehen (CR: einfacher Schutzreflex), dass die vegetativen Begleitreaktionen (CR: physiologische Reaktionen wie Atmung, Puls, Unruhe) jedoch erhalten blieben, d. h., einen hohen Löschungswiderstand zeigten. Gerade kardiovaskuläre Reaktionen auf belastende Reize scheinen besonders hartnäckig zu sein[70]. Dies führt dazu, dass man im Laufe des Lebens immer

70 › Vgl. Becker-Carus, C. (2004). Allgemeine Psychologie. Eine Einführung. Elsevier, Spektrum Akademischer Verlag.

mehr unerklärliche psychophysiologische Reaktionen auf unangenehme Reize ansammelt, die man sich kaum bewusst erklären kann. Gantt sagte dazu: „Die Tatsache, dass es so schwierig ist, konditionierte Reaktionen zu löschen, macht das Individuum, wenn es älter wird, zu einem regelrechten Antiquariat…"[71]

Flooding, Implosion

Bei der massierten Konfrontation wird das Individuum direkt dem belastendsten Reiz in der Hierarchie ausgesetzt, z. B. der am meisten gefürchteten Situation.

Beim Flooding wird das Individuum dem belastenden Reiz in der Realität ausgesetzt.

Bei der Implosion findet die Konfrontation lediglich in der Vorstellung statt. Dies ist typisch für Traumakonfrontation im Rahmen einer Traumatherapie, da sich die Patient:innen nur in der Vorstellung erneut mit den Erinnerungen an das Trauma und den Auslösereizen (Trigger) konfrontieren.

Massierte Konfrontation hat den – von vielen Patient:innen sehr geschätzten – Vorteil, dass sich im Verlauf der Therapie keine Erwartungsangst aufbauen kann, da alle folgenden Konfrontationen weniger belastend sein werden und man schon weiß, dass man die schlimmste vorstellbare Situation aushalten und bewältigen kann. Zudem benötigt man deutlich weniger Wiederholungen.

Es wird insbesondere in der Traumatherapie empfohlen, die Konfrontation in sensu mit dem belastendsten Ereignis zu beginnen, damit sich zum einen nicht die Befürchtung verstärkt, mit den schlimmsten Erinnerungen nicht umgehen zu können, und zum anderen die Symptome der PTBS dadurch schneller zurückgehen[72].

---

71 › Zitiert nach Becker-Carus, C. (2004), S. 326.

72 › Vgl. Lühr, Zens, Müller-Engelmann, 2021.

An dieser Stelle sicherheitshalber noch einmal der Hinweis, dass nicht die Trauma*therapie* mit einer massierten Konfrontation begonnen wird, sondern nur die eigentliche Trauma*konfrontation*. Dem gehen neben Diagnostik und Psychoedukation einige Therapieschritte voraus, u. a.

- Herstellen einer belastbaren therapeutischen Beziehung,
- Herstellen von äußerer Sicherheit,
- Zusammentragen der Trigger,
- Identifizieren des Vermeidungs- und Sicherheitsverhaltens,
- Erlernen von Techniken zur Stabilisierung der Funktionsfähigkeit im Alltag (z. B. Problemlösetraining),
- Erarbeiten von Strategien zur Emotions- und Erregungsregulation,
- Erlernen von Strategien, um im Hier und Jetzt zu bleiben oder ins Erleben des Hier und Jetzt zurückzukehren,
- Bearbeitung kognitiver Verzerrungen in Zusammenhang mit dem Trauma sowie von traumabezogenen Schuld- und Schamgefühlen
- Herstellen der notwendigen Motivation zur Traumaexposition.

Die letzten beiden Punkte lassen sich in der Arbeit mit Hunden schwer umsetzen, die anderen Schritte sind jedoch übertragbar. Auch die Traumakonfrontation selbst kann beim Hund in sensu dadurch erfolgen, dass in der Realität präsentierte Triggerreize neben den begleitenden Emotionen und der psychophysiologischen Erregung eben auch Erinnerungen an das Trauma wachrufen können. Die Erinnerungen sind die von den Patient:innen am stärksten gefürchteten konditionierten Reize (CS), welche die unangenehmen und belastenden Reaktionen (Gefühle, Erregung, psychophysiologische Stressreaktionen, CR) auslösen. Bei der PTBS haben wir es also im Grunde mit einer „Erinnerungsphobie" zu tun. Die Triggerreize sind in diesem Sinne Konditionierungen 2. Ordnung, die ihrerseits die Erinnerungen wachrufen. Erinnerungen (CS) sind jedoch, im Gegensatz zu den traumatischen Ereignissen (US) selbst, harmlos. Folgt einem CS kein US, setzt Löschung ein. Konfrontieren sich Patient:innen ohne Vermeidungs- und Sicherheitsverhalten mit ihren Erinnerungen, ohne dass erneut ein bedrohliches Ereignis stattfindet, lassen Emotionen, Erregung und Stressreaktion im Verlauf der Konfrontation nach.

Daneben tritt auch die direkte Verknüpfung zwischen Triggerreizen (CS) und Emotionen, psychopyhsiologischen Stressreaktionen und Erregungszuständen (CR) auf, ohne dass die Patient:innen bewusste Erinnerungen an das traumatische Ereignis wiedererleben. Es handelt sich in diesem Fall um eine Furchtkonditionierung (Phobie). Konfrontiert man die Patient:innen mit realen Triggerreizen (also nicht nur in der Vorstellung) auf höchster Intensitätsstufe (CS), handelt es sich um Flooding. Gegebenenfalls wäre jedoch auch ein graduiertes Vorgehen denkbar, sofern die Trigger abgestuft dargeboten werden können. Der Geruch von Desinfektionsmittel kann zwar abgestuft dargeboten werden, dennoch könnte bereits ein schwacher Geruch bei einem bestimmten Patienten eine überwältigende Erinnerung an einen traumatischen Tierarztbesuch und damit verbundene Erregung auf höchster Stufe auslösen (Flooding), während andere Aspekte der Situation, wie die Anzahl und das Verhalten von anwesenden Menschen (traumabedingte Phobie), und die damit verbundene psychophysiologische Erregung eventuell graduiert gesteuert werden können.

Zeigt ein Hund bei einer graduierten Konfrontation mit belastenden Reizen immer wieder eine massive Belastungsreaktion bzw. kann man keine Reize finden, die nur eine abgeschwächte Angstreaktion auslösen (Angsthierarchie), sollte man in Erwägung ziehen, dass er auf traumatische Erinnerungen reagiert, die durch die Trigger aktiviert werden, und eventuell zu einem traumatherapeutischen Vorgehen mit allen notwendigen Schritten übergehen, ehe man erneut eine Konfrontation versucht.

Sowohl Implosion als auch Flooding sind sehr belastende therapeutische Verfahren. Die Patient:innen verbleiben wie bei der graduierten Exposition so lange in der Situation, bis sie die Erfahrung machen können, dass die Angst bzw. der Sucht- oder Zwangsdruck nachlässt. Das kann einige Stunden dauern. In dieser Zeit muss jegliches Vermeidungs- und Sicherheitsverhalten, soweit es möglich ist, unterlassen werden, da sich die Konfrontation ansonsten sehr in die Länge ziehen und letztlich wirkungslos bleiben kann. Das erfordert ein hohes Maß an Motivation vonseiten der Patient:innen und viel Geduld, Erfahrung und Vertrauen in die Methode vonseiten der Therapeut:innen.

Lühr und Kolleginnen (2021) empfehlen sich bei Zweifeln in Hinblick auf Expositionsübungen mit Traumapatient:innen klarzumachen,

- welche kurz- und langfristigen Beeinträchtigungen die Patient:innen durch die PTBS-Symptome erleben und dass es daher langfristig hilfreich ist, wenn sie sich mit dem Erlebten auseinandersetzen (s. AB 11: Vor- und Nachteile der Konfrontationsbehandlung, S. 169);
- dass es normal ist, dass es den Patient:innen zu Beginn der traumafokussierten Arbeit schlechter geht, und dass diese Belastung den Patient:innen nicht langfristig schadet;
- dass keine Gefahr einer Retraumatisierung besteht, sofern die Traumabehandlung kompetent, d. h. den Leitlinien[73] entsprechend, durchgeführt wird;
- dass das Erlebte in den Erinnerungen der Patient:innen ohnehin ständig präsent ist und man sie daher ohne Behandlung lediglich damit allein lässt.

---

73 › S3-Leitlinie Posttraumatische Belastungsstörung (https://register.awmf.org/de/leitlinien/detail/155-001, Stand September 2025).

Sie empfehlen, über die Befürchtungen mit erfahrenen Kolleg:innen zu sprechen, die schon erfolgreich traumafokussiert gearbeitet haben (Intervision), und, wenn man zum ersten Mal traumatherapeutisch arbeitet, sich Unterstützung in Form von Supervision zu organisieren.

Massierte Konfrontation wird eingesetzt, wenn ein schrittweises Vorgehen unmöglich ist, etwa bei Reizen, die selbst in geringer Intensität starke Traumareaktionen auslösen, oder bei unkontrollierbaren Reizen wie Gewittern.

Arbeitsblatt 11: Vor- und Nachteile der Konfrontationsbehandlung

Um zu prüfen, ob eine Konfrontationstherapie mit angstauslösenden Reizen oder eine Traumaexposition für Sie und Ihren Hund zu diesem Zeitpunkt infrage kommt, überlegen Sie bitte, welche kurz- und langfristigen Vor- und Nachteile eine Konfrontationsbehandlung für Sie und Ihren Hund haben könnte. Das Arbeitsblatt kann Ihnen helfen, eventuelle Bedenken zu sammeln und den Vorteilen gegenüberzustellen, die Sie sich von der Behandlung erhoffen.

Vorteile können z. B. das Nachlassen der belastenden Symptomatik und mehr Lebensfreude für Ihren Hund sein, vielleicht können Sie auch wieder Dinge tun, die sie aufgrund des Vermeidungs- und Problemverhaltens Ihres Hundes bisher vermeiden mussten.

Nachteile könnten z. B. die vorübergehende Zunahme der Belastungssymptome Ihres Hundes sein (bei Traumaexposition), aber auch Belastungen und Einschränkungen, die sich für Sie im Alltag durch die Konfrontationsbehandlung ergeben, wie eine höhere Stressbelastung, wenn Sie ohnehin gerade in einer schwierigen Lebensphase sind (eigene Erkrankungen, Umzug, Prüfungen, Trennungen etc.), die Auseinandersetzung mit schwierigen Gefühlen und Erregungszuständen bei Ihrem Hund oder eventuell das Wachrufen eigener Erinnerungen an belastende Erlebnisse.

Denken Sie bitte daran, dass es unabhängig vom Ergebnis Ihrer Überlegungen Ihre Entscheidung bleibt, ob eine Konfrontationsbehandlung bei Ihrem Hund stattfinden soll. Sie sollten nicht das Gefühl haben, Sie müssten sich rechtfertigen oder eine Begründung liefern, falls Sie sich dagegen entscheiden.

	Vorteile	Nachteile
Kurzfristig		
Langfristig		

Kontraindikationen

Die körperliche Belastung bei der Exposition entspricht ungefähr der von Sport. Jeder gesunde Hund, der erhöhten Puls, Atemfrequenz und Blutdruck für 20–50 Minuten aushalten kann, z. B. beim Toben mit anderen Hunden oder beim Laufen am Rad, kann, ohne Schaden zu nehmen, an einer Expositionstherapie teilnehmen. Vor einer Expositionsbehandlung sollte daher eine medizinische Abklärung erfolgen, wobei die Tierärzt:innen darüber informiert werden sollten, dass eine Expositionstherapie angedacht ist. In diesem Rahmen kann spätestens jetzt auch nochmals geprüft werden, ob die Ängste eine organische Ursache haben (z. B. Panikattacken durch akute Atemnot, Herzprobleme oder Schwindelanfälle, chronische Ängste durch eine Stoffwechselstörung etc.).

Zunächst sollte man dieselben Risikofaktoren wie bei sportlicher Belastung bedenken: Große Hitze und hohe Luftfeuchtigkeit können gefährlich sein. Gefährdet sind auch kurzköpfige Rassen mit Atemproblemen und allgemein Hunde mit Atemwegserkrankungen, Hunde mit kardiovaskulären Erkrankungen oder Rassen mit Neigung zu plötzlichem Herzversagen sowie Hunde mit Epilepsie und anderen neurologischen oder hirnorganischen Erkrankungen (z. B. Schlaganfall, Demenz). Auch Stoffwechselstörungen (z. B. Diabetes, Cushing-Syndrom, Schilddrüsenunterfunktion) sollten abgeklärt werden. Für diese Hunde kann eventuell unter Absprache mit den behandelnden Tierärzt:innen ein graduelles Vorgehen mit deutlich geringerer Belastung gewählt werden. Weitere körperliche Faktoren, die eine Expositionstherapie ausschließen können, sind Schwangerschaft, starkes Untergewicht und akute körperliche Erkrankungen.

Daneben gibt es eine Reihe von psychischen Ausschlussgründen. Befindet sich der Hund aktuell in einer akuten Krise oder durchlebt kritische Lebensereignisse (z. B. einen Umzug ins Tierheim oder in ein neues Zuhause mit neuen Bezugspersonen), hat die Stabilisierung zunächst Vorrang. Expositionstherapie sollte erst erfolgen, wenn der Hund wieder in einer stabilen Lebenssituation bzw. einem zuverlässigen sozialen Umfeld lebt und die äußere und subjektiv erlebte, innere Sicherheit des Hundes gegeben ist. Zeigt der Hund selbstverletzendes Verhalten, sollte ebenfalls sehr sorgfältig erwogen werden, ob die Belastbarkeit für eine Expositionstherapie ausreichend gegeben ist. Ansonsten kann zunächst mithilfe von Skills- und Entspannungstraining die Selbstregulationsfähigkeit gestärkt werden. Bei einer Neigung zu Dissoziationen muss man sich im Vorfeld überlegen, wie der Hund mit seiner Aufmerksamkeit während der Konfrontation ins Hier und Jetzt zurückgeholt werden kann, da Dissoziationen eine Form der Vermeidung darstellen. Akute Psychosen, z. B. durch Vergiftungen, stellen eine absolute Kontraindikation dar.

Checkliste Kontraindikationen für eine Expositionstherapie

Wurde der Hund tierärztlich untersucht?	O Nein O Ja: O Ohne Befund O Mit Befund Erkrankung(en):
Ist eine verhaltenstherapeutische Expositionsbehandlung aus tierärztlicher Sicht **absolut** ausgeschlossen?	O Nein O Ja
Ist eine verhaltenstherapeutische Expositionsbehandlung unter bestimmten Vorsichtsmaßnahmen aus tierärztlicher Sicht denkbar?	O Nein O Ja: Welche Vorsichtsmaßnahmen sollten getroffen werden (graduiertes Vorgehen, Medikamente etc.):
Ist die Hündin schwanger?	O Nein O Ja
Liegen Hinweise auf eine Psychose vor?	O Nein O Ja Welche:
Lebt der Hund aktuell in einer sicheren und stabilen Lebenssituation und einem stabilen sozialen Umfeld?	O Nein O Ja, seit: ____________________
Zeigt der Hund selbstverletzendes Verhalten?	O Nein O Ja: ________________________ Was sind die Umstände bzw. Auslöser?

Sind die Halter:innen ausreichend motiviert und über Vor- und Nachteile einer Expositionsbehandlung aufgeklärt?	○ Nein ○ Ja

OPERANTE VERFAHREN

Bei den operanten Techniken der Verhaltenstherapie geht es um die Beeinflussung von Willkürverhalten, das in Reaktion auf bestimmte Reize gezeigt wird bzw. gezeigt werden soll. Die Auftretenswahrscheinlichkeit von Verhalten kann über die Konsequenzen des Verhaltens beeinflusst werden.

Allgemein kommen folgende Prinzipien zur Anwendung:

- Damit Verhalten und Konsequenzen assoziiert werden können, müssen die Verstärker unmittelbar nach dem Verhalten auftreten.
- Verhalten, das belohnt wird, wird in Zukunft häufiger gezeigt. Verhalten das bestraft wird, tritt seltener auf.
- Ob eine Konsequenz als Belohnung oder Bestrafung wahrgenommen wird und in welchem Ausmaß, ist individuell verschieden und muss ggf. ausprobiert werden.
- Eine Konsequenz, die in der Verhaltenstherapie einem Verhalten gezielt folgt, konkurriert mit anderen inneren und äußeren Konsequenzen des Verhaltens. Entscheidend für die Veränderung der Auftretenshäufigkeit ist, ob die Konsequenzen in Summe eher angenehm oder unangenehm sind.

Um sich über die Konsequenzen von Problemverhalten klar zu werden, kann die Information aus dem SORKC-Schema (AB 7, S. 70) genutzt werden. In Mikro- und Makroanalyse (AB 8, S. 79) findet man ggf. auch die Ansatzpunkte für operante Verfahren (z. B. an den aufrechterhaltenden Bedingungen).

Operante Verfahren kommen bei praktisch allen psychischen Störungen zur Anwendung, um Problemverhalten, d. h. symptomatisches Verhalten, zu verändern. Bei der Depression geht es z. B. um die Aktivierung von Verhalten, dass zum Freudeerleben und sozialer Interaktion führen kann. Bei Angststörungen geht es u. a. um den Abbau von Vermeidungs- und Sicherheitsverhalten. Bei Zwangsstörungen und Suchterkrankungen soll das Zwangs- bzw. Suchtverhalten reduziert und angemessenes Verhalten zum Umgang mit inneren Spannungen gefördert werden. Bei den Interaktionsstörungen (Persönlichkeitsstörungen) liegt der Fokus auf der Förderung eines angemessenen Sozialverhaltens.

Wie wir im Kapitel zur Therapieplanung gesehen haben, gibt es sowohl Methoden zum Verhaltensaufbau bzw. zur Förderung erwünschten Verhaltens als auch Methoden zum Verhaltensabbau bzw. zur Verhaltensreduktion. Dazu kommt das Habit-Reversal-Training, einer Variante der Gegenkonditionierung.

Zur Sicherheit auch hier noch einmal der Hinweis, dass es sich bei den Beispielen, die zur Illustrierung der einzelnen Techniken angegeben sind, nicht um Empfehlungen zum Umgang mit ähnlichen, realen Fällen handelt. Keine dieser Techniken wird isoliert in der Verhaltenstherapie eingesetzt, sondern ist eingebettet in den Verlauf (Beziehungsaufbau, Diagnostik, Psychoedukation, Techniken zur Erregungs- und Emotionsregulation usw.) und wird individuell auf das Individuum abgestimmt. Wann man welche Technik bei welchem Hund einsetzt, muss man im praktischen Teil der Ausbildung unter Anleitung erfahrener Verhaltenstherapeut:innen lernen.

Verhaltensaufbau

Verhalten, das belohnt wird, wird in Zukunft häufiger gezeigt. Um die Auftretenswahrscheinlichkeit erwünschter Verhaltensweisen zu erhöhen, muss die Konsequenz des Verhaltens angenehm sein. Das erreichen wir, indem wir entweder der Situation als Folge erwünschten Verhaltens etwas hinzufügen, das als angenehm erlebt wird (positive Belohnung) oder etwas wegnehmen, wodurch das Individuum den neuen Zustand als angenehm empfindet (negative Belohnung). Ein getrockneter Hähnchenstreifen, ein verbales Lob oder liebevolle Zuwendung ist etwas, das einer Situation hinzugefügt werden kann, nachdem der Hund ein gewünschtes Verhalten gezeigt hat (positive Belohnung). Negative Belohnung spielt z. B. dann eine Rolle, wenn der Hund merkt, dass durch ein vom Menschen erwünschtes Alternativverhalten unangenehme Gefühle (Angst, Wut, Überforderung) und innere Anspannungszustände (Unruhe) nachlassen. Das Alternativverhalten verstärkt sich dadurch von selbst.

Belohnungen werden in primäre und sekundäre Verstärker unterteilt. Primäre Verstärker erfüllen Grundbedürfnisse, z. B. nach Nahrung, Wasser, Schlaf bzw. Ruhe. Damit sie wirken, muss zunächst ein Mangel vorliegen (Deprivation). Das erfordert sorgfältige ethische Reflexion, etwa wenn ein Hund nur noch für erwünschtes Verhalten aus der Hand gefüttert wird, statt bedingungslos eine (oder mehrere) ausreichend große Portion Futter am Tag zu bekommen. Sekundäre Verstärker wirken erst, wenn die Assoziation mit den primären Verstärkern hergestellt wurde (z. B. <Click> → Futter). Der Einsatz eines Clickers in der Verhaltenstherapie ermöglicht sehr präzises Timing, was z. B. beim Shaping vorteilhaft sein kann, damit exakt das richtige Verhalten aus einer schnellen Abfolge von Verhaltensweisen verstärkt wird.

Um Verhalten aufzubauen, sollte die Belohnung zunächst kontinuierlich erfolgen, d. h., auf jedes erwünschte Verhalten sollte eine Belohnung folgen. Um das erwünschte Verhalten anschließend zu stabilisieren, geht man dann zu einer intermittierenden Belohnung über. Verhalten, dass durch intermittierende Belohnung verstärkt wurde, hat sich als löschungsresistenter erwiesen und wird zuverlässiger gezeigt, auch wenn später keine externe Belohnung mehr erfolgt.

Techniken zum Verhaltens*aufbau* werden eingesetzt, wenn angemessene Verhaltensweisen vollkommen fehlen, d. h., nicht spontan oder auf Aufforderung gezeigt werden, sodass man sie nicht positiv verstärken kann. Entweder sind sie den Patient:innen nicht bekannt oder sie werden nicht mit dem Kontext in Verbindung gebracht, in dem sie jetzt gezeigt werden sollen. Hierfür bieten sich Modelllernen (von kompetenten, für ihr Verhalten belohnten Artgenossen und ggf. vom Menschen) sowie Shaping als Methoden an.

Techniken zur Verhaltens*förderung*[74] kommen zur Anwendung, wenn der Hund angemessenes Verhalten prinzipiell zeigt, dieses aber zu selten auftritt oder zu schwach ausgeprägt ist (z. B. die Gegenwehr einer Hündin gegenüber aufdringlichen Rüden). Die Auftretenshäufigkeit kann durch Prompting[75] und gezielte positive Verstärkung von Spontanverhalten erhöht werden.

Shaping

Beim Shaping (dt.: Formen) wird neues Verhalten aufgebaut, dass dem Individuum bislang in dieser Form nicht zur Verfügung stand. Dazu wird das gewünschte Verhalten schrittweise aufgebaut, indem zunächst alle Ansätze in Richtung des Zielverhaltens positiv verstärkt werden, dann nur noch der nächste Schritt usw.

Ein unsicherer Hund könnte beispielsweise positiv verstärkt werden, sowie er einen ersten Blick auf den angstauslösenden Reiz

---

74 › Vgl. Kandale & Rugenstein, 2022.

75 › Beim Prompting gibt man den Patient:innen einen Hinweis (z. B. verbal, durch Berührungen oder Sichtzeichen, durch Modellverhalten), dass jetzt das zuvor eingeübte Verhalten gezeigt werden soll. Es wirkt wie eine „Starthilfe“ für das gewünschte Verhalten, wenn die Patient:innen es ohne den Hinweis noch nicht sicher von sich aus zeigen. Man gestaltet dazu die situativen Bedingungen zudem so, dass die Auftretenswahrscheinlichkeit des Zielverhaltens erhöht wird. Man versucht, die Hilfen im Verlauf der Therapie schrittweise abzubauen (Fading) und das Zielverhalten zu stabilisieren.

(bspw. einen fremden Menschen) wirft. Zeigt er dieses Verhalten stabil, bleibt die Belohnung aus, bis er einen nächsten Schritt anbietet, z. B. mit langem Hals in Richtung des Reizes schnuppert. Auch dieses Verhalten wird wieder positiv verstärkt, bis es stabil gezeigt wird. Im nächsten Schritt erfolgt die Belohnung erst, wenn der Hund wieder einen Schritt in die richtige Richtung macht, in unserem Beispiel im wahrsten Sinne des Wortes. Das Zielverhalten könnte sein, dass der Hund den verunsichernden Reiz aus der Nähe beschnuppert und berührt, sich vielleicht daneben hinsetzt oder hinlegt und zur Ruhe findet.

Beim Shaping entscheidet der Hund, welche Schritte er in welcher Reihenfolge macht und wie genau er den Weg zum Zielverhalten gestaltet.

Chaining

Durch Chaining (dt.: Verketten) wird bekanntes Verhalten zu einer komplexen Verhaltenskette geformt. Dabei beginnt man i. d. R. mit dem letzten Teil der Verhaltenskette. Wird das gewünschte Verhalten gezeigt, wird es positiv belohnt. Dann fügt man den vorletzten Teil der Verhaltenskette hinzu und belohnt erst, wenn beide Teile erfolgreich gezeigt wurden. Auf diese Weise fügt man schrittweise alle vorhergehenden Schritte hinzu, bis die gesamte Verhaltenskette gezeigt wird. Die positive Belohnung erfolgt immer erst am Ende der Kette. Dafür kann es notwendig sein, einzelne Schritte der Verhaltenskette separat einzuüben. Der Vorteil des backwards chaining (Rückwärtsverkettung) besteht darin, dass der Hund mit jedem Schritt in der Verhaltenskette sicherer wird, da die letzten Schritte am häufigsten geübt wurden. Außerdem erfolgt die Verstärkung vorhersehbar immer am Ende, nach demselben (dem letzten) Element der Verhaltenskette, sodass die Motivation über die gesamte Handlungssequenz hoch bleibt.

Denkbar wäre jedoch auch forward chaining (Vorwärtsverkettung), also der Aufbau der Verhaltenskette vom Anfang aus. Dabei werden die ersten Schritte am häufigsten geübt und die Verhaltenskette wird nach hinten unsicherer. Da immer nur am Ende der Verhaltenskette belohnt wird, bleibt der Verstärker im Lernprozess bei jedem zusätzlichen Schritt an der Stelle aus, wo er üblicherweise gegeben wurde, und wird einen Schritt nach hinten, hinter das neue „letzte" Element verlagert, obwohl das Individuum zuvor das richtige Verhalten gezeigt hat. Je nach Persönlichkeit kann dies verunsichernd sein und zu Motivationsproblemen und Frustration führen.

Ein Hund soll lernen, auf einem Spaziergang beim Anblick von fremden Hunden oder Menschen zur Halterin zu blicken, selbstständig zu ihr zurückzulaufen und sich ruhig neben sie zu setzen. Die Verhaltenskette kann von hinten aufgebaut werden, indem der Hund zunächst lernt, ruhig neben seiner Halterin zu sitzen, ehe er belohnt wird. Im nächsten Schritt muss er sich zunächst selbstständig hinsetzen, dann eine Weile ruhig sitzen bleiben und erhält dann erst die Belohnung. Dann wird das Zurücklaufen zur Halterin, setzen und ruhig sitzen bleiben belohnt, wobei die Entfernung zur Halterin schrittweise gesteigert werden kann. Schließlich wird der Hund abgewandt mit dem Gesicht zu einem fremden Menschen oder Hund hin platziert und muss sich zunächst umwenden, um dann zurückzulaufen, sich hinzusetzen und ruhig sitzen zu bleiben.

Prompting

Beim Prompting (dt.: Aufforderung, Anregung) werden Hilfestellungen gegeben, die die Patient:innen dazu anregen, das erwünschte Verhalten zu zeigen. Voraussetzung bei Hunden ist meistens, dass der Hund das verbale Signal mit einem konkreten Verhalten in Verbindung bringen kann (z. B. „Sitz"). Dazu muss das Verhalten zunächst unter Signalkontrolle gestellt werden.

Wir könnten z. B. die angemessene Kontaktaufnahme eines Hundes mit einem fremden Menschen bei der Begrüßung verbal und körpersprachlich unterstützen, indem wir den Hund auffordern, sich zu setzen, ehe er gestreichelt wird. Dadurch erhöhen wir die Wahrscheinlichkeit, dass der Hund das erwünschte Zielverhalten zeigt und können es dann positiv verstärken.

In unserem vorherigen Beispiel zum Chaining könnten wir einzelne Schritte des Verhaltens „Zurücklaufen zur Halterin und ruhig sitzen" anregen durch verbale Hilfen wie „Hier" oder „Sitz".

Fading

Beim Fading (dt.: Nachlassen, Verhallen) werden die verbalen oder körpersprachlichen Hilfen schrittweise abgebaut. Die Patient:innen werden so angeregt, selbstständig die erwünschten Verhaltensweisen auch außerhalb des therapeutischen Settings zu zeigen. Alle selbstständigen Ansätze zu angemessenem Verhalten werden positiv verstärkt.

Ziel der Therapie ist es, dass man als Therapeut:in letztlich überflüssig wird. Auch die Hilfestellungen durch die Halter:innen sollen immer weiter abgebaut werden, sodass der Hund – im Idealfall – auch ohne Aufsicht angemessenes Verhalten zeigt. Wichtig ist dies beispielsweise, wenn der Hund auf einem geschäftigen Hof, auf dem viele fremde Menschen ein- und ausgehen, auch ohne Aufsicht fremde Menschen angemessen begrüßen soll, oder wenn ein frei laufender Hund als Reaktion auf bestimmte Umweltreize selbstständig gute Entscheidungen treffen muss (Arbeitshunde).

Verhaltensabbau

Verhalten, das bestraft wird, wird in Zukunft seltener gezeigt. Um die Auftretenswahrscheinlichkeit unerwünschten Verhaltens zu senken, muss die Konsequenz dieses Verhaltens unangenehm sein. Das können wir durch positive und negative Bestrafung erreichen. Bei der positiven Bestrafung wird ein unangenehmer Reiz der Situation hinzugefügt, als Konsequenz des unerwünschten Verhaltens. Bei der negativen Bestrafung wird ein angenehmer Reiz als Konsequenz entfernt, was das Individuum als unangenehm erlebt. Eine positive Bestrafung kann z. B. durch eine negative soziale Rückmeldung („Tadel") erfolgen. Bei der negativen Bestrafung geht es oft um den Entzug von angenehmen Dingen wie Schweineohren, Aufmerksamkeit, Zuwendung oder physischer Nähe.

Positive oder direkte Bestrafung hat eine Reihe von Risiken, die wir im folgenden Kapitel beleuchten. Schon Skinner, einer der Entdecker der operanten Konditionierung und Vater des Begriffes, beschrieb 1953 in seinem Hauptwerk „Science and human behavior", dass positive Bestrafung i. d. R. nicht zu einem langfristen Verhaltensabbau führt[76]. Kurzfristig wird jedoch die Auftretenshäufigkeit vermindert. In der modernen Verhaltenstherapie werden aversive Methoden beim Menschen kaum noch eingesetzt (z. B. Aversionstherapie bei Alkoholsucht). Negative oder indirekte Bestrafung wird z. B. bei Response-Cost-Verfahren eingesetzt. Unerwünschtes Verhalten führt zu einem Entzug von zuvor gewonnenen Verstärkern (z. B. Token, die man für erwünschtes Verhalten gesammelt hat und die man gegen primäre Verstärker eintauschen kann). Sie wird als ethisch weniger bedenklich betrachtet und hat weniger unerwünschte Nebeneffekte[77]. Dennoch sollte man, ehe man über Strafen im Sinne der operanten Konditionierung nachdenkt, bedenken, dass es sich bei der Verhaltenstherapie um ein Heilverfahren handelt und vor diesem Hintergrund sowie selbstverständlich vor dem Hintergrund des Tierschutzgesetzes den Einsatz von Strafen sehr gründlich abwägen.

---

76 › nach Margraf & Schneider, 2009.

77 › vgl. Margraf & Schneider, 2009.

Risiken von Bestrafung

Der Einsatz von Bestrafung birgt eine Reihe von Risiken, die Becker-Carus (2004) wie folgt zusammengetragen hat:

- Bestraft man unerwünschte Gewohnheiten, kann dies auf ähnliche Gewohnheiten generalisiert werden. Reagiert man z. B. auf das Aggressionsverhalten eines Hundes mit positiver Strafe, kann dies dazu führen, dass auch die erwünschte und angemessene Selbstbehauptungsfähigkeit des Hundes negativ beeinflusst wird.
- Die Anwendung von positiver Strafe kann ein Klima schaffen, in dem der Hund am Modell lernt, dass aggressive Bestrafung eine Möglichkeit darstellt, anderen (Schwächeren) seinen Willen aufzuzwingen und eigene Interessen durchzusetzen.
- Der Hund kann durch Diskriminierungslernen feststellen, dass ihm nur Strafe in Gegenwart der Therapeut:innen oder Halter:innen droht. In ihrer Abwesenheit oder außerhalb ihres Einflussbereiches wird er das unerwünschte Verhalten weiterhin zeigen.
- Bestrafung kann zu Gegenaggressionen führen.
- Zeigt die strafende Person starke Emotionen wie Ärger oder Hilflosigkeit, bringt der Hund dieses Verhalten eventuell nicht mit dem eigenen Verhalten in Verbindung und begreift die Strafe nicht als Konsequenz seines Verhaltens, sondern erlebt sie als bedrohliche Interaktion mit einem Sozialpartner.

Beim Einsatz von Bestrafung, beispielsweise, um aggressives oder gefährliches Verhalten im Sinne einer angemessenen Grenzsetzung zu unterbinden, sollte daher nach Walters & Grusec[78] berücksichtigt werden, dass

- mindestens eine alternative Reaktion zur Verfügung steht, die positiv verstärkt werden kann;

78 › Walters, G. C., & Grusec, J. E. (1977). Punishment. (nach Becker-Carus (2004), S. 347).

- die Strafe angemessen und vorhersehbar ist (angekündigt, konsequent, mit ruhiger Grundstimmung);
- die Strafe unmittelbar nach dem unerwünschten Verhalten erfolgt,
- keine Belohnungen während oder unmittelbar nach der Bestrafung gegeben werden sollten (z. B. übermäßige Aufmerksamkeit);
- möglichst konditionierte Bestrafungen eingesetzt werden, d. h. eine Ermahnung statt der eigentlichen Strafe;
- die Strafe tatsächlich unangenehm ist und keine Belohnung für den Hund darstellt (z. B. aus einer langweiligen Situation in Action kommen und beachtet werden);
- immanente Bestrafungen mitberücksichtigt werden, d. h. negative Folgen, die sich für den Hund aus dem unerwünschten Verhalten selbst ergeben haben (z. B. von einem anderen Hund als Folge des eigenen aggressiven Verhaltens gebissen werden und dabei Schmerzen erleiden); eine zusätzliche Strafe hat hier wenig Sinn.

Erwägt man den Einsatz von Strafe im Umgang mit aggressivem Verhalten bei Hunden, sollte berücksichtigt werden, dass es einen Unterschied zwischen kalter und heißer Aggression gibt[79]. Die heiße Aggression geht mit Erregung und Emotionen wie intensiver Wut einher und tritt als impulsive Reaktion auf einen Stressor auf. Eine positive, wie auch eine negative Bestrafung stellen selbst einen Stressor dar. Wenn ein gestresstes Individuum weiter gestresst wird, führt das i. d. R. nicht zu Beruhigung, Innehalten und vernünftigem Alternativverhalten, sondern zu impulsiven und kopflosen Reaktionen. Statt einer Bestrafung kann daher bei heißer Aggression dasselbe helfen, wie bei einer anderen typischen Stressreaktion, der Flucht. Flucht wird normalerweise von intensiver Angst begleitet. Als hilfreiche therapeutische Strategie hat sich bei Flucht die Beschränkung

---

79 › Vgl. Mehl, R. (2021). Die Psyche des Hundes. Wie Prozesse im Gehirn das Verhalten steuern. Kosmos.

erwiesen, d. h., die Patient:innen werden mit einer liebevollen und wohlwollenden Einstellung, mit Zuwendung, Verständnis, Geduld und Ruhe an der Flucht gehindert und bei der Bewältigung der Ängste begleitet. Es braucht auch bei heißer Aggression – analog zu Angststörungen – oft eine Form des Konfrontationstrainings (z. B. Habituationstraining, Gegenkonditionierung), damit die Auslösereize, die mit den emotionalen (Wut) und psychophysiologischen Reaktionen (Stressreaktion, Erregung) assoziiert sind, gelöscht werden können. Genau wie ein ehemals phobischer Hund nach einer gelungenen Expositionstherapie nicht mehr den Wunsch verspüren wird, zu fliehen, und wir daher auch nicht am Vermeidungs- und Fluchtverhalten mit operanten Techniken ansetzen müssen, wird ein ehemals wütender Hund nach einer Expositionstherapie nicht mehr den Drang verspüren, sich gegenüber harmlosen Reizen wie freundlichen Hunden oder Menschen aggressiv zu verhalten. Es kann also günstiger sein, nicht auf der Verhaltensebene mit operanten, sondern auf der Ebene des Erlebens mit Expositionstechniken anzusetzen.

Die operante Technik der Bestrafung bietet dagegen u. U. bei kalter Aggression einen Ansatzpunkt, um die operante Kosten-Nutzen-Rechnung zugunsten nicht-aggressiver Verhaltensweisen zu beeinflussen. Dabei besteht jedoch immer das Risiko, dass die kalte in heiße Aggression kippt, da ein aversiver Reiz als Stressor wirkt. Kalte Aggression wird nicht von Erregung und Wut begleitet. Die Aggression wird vom Individuum lediglich instrumentell, d. h. als Mittel zum Zweck eingesetzt. Kann derselbe Zweck durch alternatives Verhalten erreicht werden, bietet sich eher ein Verhaltensaufbau an. In diesem Fall kann ebenfalls das Beschränken des aggressiven Verhaltens ausreichen und bedarf keiner weiteren Strafe.

Löschung

Bei der Löschung entfernt man die positiven Verstärker, d.h. die aufrechterhaltenden Bedingungen für das unerwünschte Verhalten. Da Löschung viele Wiederholungen und somit Zeit erfordert, ist Löschung nicht geeignet, wenn das Problemverhalten akut unterbunden werden muss, weil es entweder gefährlich für das Individuum selbst und andere ist oder aus anderen Gründen sofort beendet werden soll.

Typische Verstärker sind Aufmerksamkeit, Zuwendung, Nähe, Status, Ressourcen und das subjektive Gefühl von Entlastung, Erleichterung und Sicherheit. Eine häufig verwendete Methode zur Löschung ist das Ignorieren unerwünschter Verhaltensweisen. Dies funktioniert natürlich nur, wenn der Hund nicht auf andere Weise an Verstärker gelangen kann (z. B. durch Aufmerksamkeit von anderen, durch selbstbelohnende Verhaltensweisen wie Jagen oder Suchtverhalten oder durch primäre Verstärker wie Futter, Ruhe oder Erleichterung, z. B. durch Rückzugs- und Vermeidungsverhalten).

Checking

Hier erfolgt die Löschung graduiert. Soll ein Hund beispielsweise, analog zu einem Kleinkind mit Schlafproblemen, lernen, längere Zeit allein zu bleiben, kehrt man nach einer jeweils festgelegten Zeit zu dem Hund zurück und beruhigt ihn gegebenenfalls. Die Zeitabstände werden dann schrittweise erweitert.

Time-out

Mit dem Time-out verfolgt man das Ziel, alle potenziellen Verstärker vorübergehend unerreichbar zu machen, indem man den Hund aus der Situation entfernt. Das bietet sich v. a. an, wenn nicht alle Verstärker identifizierbar oder kontrollierbar sind.

Ein Hund, der sich in wildem Spiel verliert und unangemessenes Verhalten zeigt, könnte z. B. für fünf Minuten aus der Gruppe genommen und an einen neutralen Ort gebracht werden, während ein Versuch der Löschung durch Ignorieren des unangemessenen Verhaltens vor lauter Verstärkern kaum bemerkt werden würde.

Wenn man Time-outs verwendet, sollte dem Individuum erwünschtes Alternativverhalten zur Verfügung stehen, welches verstärkt wird (z. B. ruhig auf einer Time-out-Decke liegen bleiben).

Bei Hunden, die in ihrer Biografie bedrohliche oder belastende Erfahrungen mit Alleinsein, Einsamkeit und Ausschluss aus einer Gruppe gemacht haben, kann ein Time-out ungewollt wie eine positive Bestrafung wirken und heftige Reaktionen hervorrufen.

Sättigung

Psychische Sättigung tritt ein, wenn man dasselbe Verhalten so lange wiederholt und mit demselben Verstärker belohnt, bis es langweilig und unangenehm wird.

Ein Hund, der eifersüchtig eine Person gegen fremde Menschen abgrenzt, könnte – angemessen abgesichert – beispielsweise so oft mit sich nähernden fremden Menschen, die „seinen" Menschen begrüßen, konfrontiert werden, bis die psychische Sättigung einsetzt und er „keine Lust mehr hat", weiterhin das aggressive Verhalten zu zeigen. Es kann sehr lange dauern, bis eine Sättigung eintritt, daher erfordert die Technik ausreichend Zeit und Geduld.

Beschränkung

Hierbei wird das Individuum physisch eine Weile daran gehindert, das unerwünschte Verhalten auszuführen.

Hierbei sollte darauf geachtet werden, keine zusätzlichen aversiven Reize wie Schmerzen hinzuzufügen. Die willentliche Verhaltensreaktion soll lediglich vorübergehend blockiert werden. Dies kann beispielsweise im Rahmen von Expositionsübungen notwendig sein (Exposition mit Reaktionsblockierung).

Gegenkonditionierung

Bei den Expositionsverfahren haben wir gesehen, dass ein eigentlich harmloser Reiz, der eine emotionale Reaktion wie Angst oder eine psychophysiologische Reaktion wie Erregung auslöst, durch Gegenkonditionierung mit einer mit Angst und Erregung unvereinbaren emotionalen und psychophysiologischen Reaktion assoziiert werden kann (z. B. Freude und Entspannung).

Statt einer emotionalen oder psychophysiologischen Reaktion kann auch eine willentliche Reaktion gegenkonditioniert werden, indem man ein erwünschtes Verhalten positiv verstärkt, das mit dem unerwünschten Verhalten unvereinbar ist. Dieses Prinzip wird beispielsweise beim Habit-Reversal-Training angewandt.

Habit-Reversal-Training

Das Habit-Reversal-Training wurde entwickelt, um nervöse Gewohnheiten und stereotypes Verhalten (z. B. Trichotillomanie, d. h. stereotypes Haareausreißen, oder Skin-Picking, d. h. stereotypes Herumzupfen und Knibbeln an der eigenen Haut) zu behandeln.

Diese Formen des stereotypen Verhaltens werden in Zusammenhang gebracht mit Stress oder Angst auslösenden Situationen, Langeweile und Überforderung. Dem Verhalten geht ein unangenehmer innerer Anspannungszustand voraus, der sich durch das stereotype Verhalten vorübergehend löst (Erleichterung). Das führt über eine negative Verstärkung zu einem häufigeren Auftreten des Verhaltens und so zur Entwicklung von Stereotypien. Außerdem kann die häufig als angenehm empfundene sensorische Stimulation als positive Verstärkung wirken.

Als Stereotypien im klinischen Sinne werden Verhaltensgewohnheiten erst bezeichnet, wenn die Dauer, Intensität und Auftretenshäufigkeit medizinische, soziale, psychische oder Probleme in anderen Lebensbereichen verursachen.

Das Ziel des Habit-Reversal-Trainings ist es, die unerwünschte Reaktion zu unterbrechen, indem stattdessen ein mit dem unerwünschten Verhalten nicht vereinbares Verhalten (competing response) gezeigt werden soll (Reaktionsumkehr).

Das Training erfolgt in folgenden Schritten:

- BESCHREIBUNG DES UNERWÜNSCHTEN VERHALTENS und seiner Einbettung in die Verhaltenskette (z. B.: Hund beginnt, sich im Rahmen des abendlichen Komfortverhaltens am Hinterteil zu belecken, geht dann zum Belecken der Hinterpfote über und *fängt schließlich an zu knabbern*); Identifizieren von **Auslösereizen**, typischen **Situationen**, **Frühwarnzeichen** und **Hinweisbewegungen**
- ERHÖHUNG DER AUFMERKSAMKEIT der Halter:innen für Frühwarnzeichen, Hinweiszeichen und das Auftreten der Gewohnheit selbst; oft wird das stereotype Verhalten in einer konkreten Situation erst bemerkt, wenn es stört, und nicht gleich in dem Moment, in dem es beginnt, oder sogar schon, wenn es sich anbahnt.
- COMPETING-RESPONSE-TRAINING: Anregung des Hundes zur **Ausführung einer konkurrierenden und unvereinbaren Verhaltensweise** sowie die Frühwarnzeichen auftreten, wodurch die Gewohnheit noch vor der Ausführung unterbrochen wird; wichtig ist die **konsequent kontingente Durchführung** und **positive Verstärkung** des unvereinbaren Verhaltens, daher die Notwendigkeit der erhöhten Aufmerksamkeit der Halter:innen für Frühwarnzeichen und Hinweisbewegungen
- GENERALISIERUNGSTRAINING: Einübung im Therapiesetting, dann schrittweise Übertragung in Alltagssituationen, zuletzt Anwendung in besonders schwierigen Situationen

Der Erfolg der Behandlung lässt sich objektiv messen, in dem die Auftretenshäufigkeit und Dauer des stereotypen Verhaltens vom Beginn der Behandlung an in regelmäßigen Abständen gemessen wird, z. B. mithilfe von Tagebuch- und Videoaufzeichnungen.

Welche Competing Response gewählt wird, hängt nach Margraf und Schneider[80] vom Problemverhalten, der Situation (auch vom sozialen Kontext) und der Art der Hinweisbewegungen ab. Sie sollte sowohl ausgeführt werden, wenn das unerwünschte Verhalten schon eingesetzt hat, um dieses zu unterbrechen, als auch, wenn die Frühwarnzeichen sich verdichten. Die Competing Response sollte ca. **ein bis drei Minuten**[81] lang gehalten bzw. durchgeführt werden können, wobei die Akzeptanz und Mitarbeitsbereitschaft bei kürzerer Dauer höher ist. Stark ermüdende, anstrengende oder sozial auffällige Verhaltensweisen sind ungeeignet. Das alternative Verhalten sollte auch keine Belastung für die Patient:innen selbst oder ihre Umgebung darstellen. Sollte die Competing Response durch andere Handlungen unterbrochen werden müssen (um bspw. aus dem Weg zu gehen), sollte sie danach sofort wieder aufgenommen werden. Am günstigsten sind Verhaltensweisen, die eine isometrische Anspannung der Muskeln bewirken (z. B. ein Gegenstand, der im Fang gehalten wird, als Competing Response zum Beknabbern der Pfote).

Habit-Reversal-Training ist sehr effektiv und kann die Auftretenshäufigkeit stereotyper Gewohnheiten deutlich reduzieren, führt allein jedoch selten zum vollständigen Erlöschen. Rückfälle sind häufig. Wichtig ist, darauf geduldig mit der Wiederaufnahme der Competing Response zu reagieren. Das erfordert eine hohe Motivation der Halter:innen, da eine konsequente kontinuierliche Durchführung und positive Verstärkung des Alternativverhaltens zwingend notwendig für den Behandlungserfolg ist.

Unterstützend können Entspannungstraining und weitere psychotherapeutische Maßnahmen notwendig sein, um der inneren Anspannung entgegenzuwirken.

---

80 › Margraf & Schneider, 2009.

81 › Im Alltag kann man bis 100 zählen.

SOZIALES KOMPETENZTRAINING

Soziale Kompetenz wird besonders im Welpen- und Junghundalter erworben. Dazu brauchen junge Hunde viele soziale Rückmeldungen von kompetenten Artgenossen. Der Besuch gut moderierter Welpen- und Junghundegruppen bietet sich an, ebenso Sozialspaziergänge und ggf. Resozialisationsgruppen, in denen kompetente, nervenstarke, erwachsene Hunde durch ihr Verhalten ein Modell für sozial weniger kompetente Hunde anbieten und unerwünschtes Verhalten angemessen korrigieren. Den sozial kompetenten Umgang mit Menschen erlernen Hunde am besten vom frühesten Welpenalter an durch den Kontakt mit vertrauten und fremden Menschen, die Hundeverhalten „lesen" und soziale Rückmeldungen gegenüber Hunden angemessen ausdrücken können.

Soziales Kompetenztraining kann dabei helfen, Verhaltensdefizite auszugleichen.

Soziale Kompetenz ist nach Kandale & Rugenstein[82] die Fähigkeit, soziale Interaktionen im Alltag so zu gestalten, dass eigene Ziele und Bedürfnisse erfüllt werden, ohne dabei die Interessen anderer unnötig zu verletzen. Dazu gehören u. a. die Fähigkeiten,

- sich durchzusetzen;
- Gefühle angemessen zu zeigen, Bedürfnisse in Beziehungen einzubringen und auf ihre Erfüllung zu bestehen;
- sich in Konflikten angemessen zu verhalten und anschließend soziale Strategien zur Wiedergutmachung zu zeigen;
- negative soziale Rückmeldungen zum eigenen Verhalten annehmen und umsetzen zu können sowie selbst angemessen negative soziale Rückmeldungen zu geben;
- neue Kontakte aufnehmen und aufrechterhalten zu können.

82 › Kandale & Rugenstein, 2022.

An diesen Aspekten kann, neben dem Erwerb von sozialen Strategien durch Beobachtungslernen, mithilfe von operanten Techniken des Verhaltensaufbaus bzw. der Verhaltensförderung angesetzt werden. Stehen soziale Probleme in Zusammenhang mit sozialen Ängsten, Unsicherheit und Vermeidungsverhalten[83], kommen Expositionsverfahren zum Einsatz, bei denen die Betroffenen (wieder) lernen, sich angstfrei in sozialen Situationen zu bewegen.

ENTSPANNUNGSTECHNIKEN

Entspannungsverfahren werden eingesetzt, um vegetative und psychische Anspannungs- und Stressreaktionen zu mildern und die Erholungsphase einzuleiten (vgl. Adaptionssyndrom von Selye[84]). Das akute und langfristige Erregungsniveau kann durch Entspannungstechniken gesenkt werden, was eine bessere Bewältigung von akut belastenden Situationen ermöglicht.

Verantwortlich für den vegetativen Anteil der Entspannungsreaktion ist der Parasympathikus. Aufgabe des Parasympathikus ist es, den Körper herunterzufahren sowie Nahrungsaufnahme und Verdauung anzuregen, sodass Regenerations- und Aufbauprozesse (z. B. Muskelwachstum) stattfinden können.

---

83 › Dazu kann auch aggressives Verhalten gehören, da sich durch Aggressionen soziale Situationen sehr schnell beenden lassen.

84 › Das Adaptionssyndrom von Selye beschreibt die Reaktion auf langanhaltenden Stress. In der ersten Phase kommt es zur Alarmreaktion, die den Körper in erhöhte Leistungsbereitschaft versetzt, gefolgt von einer Widerstandsphase, in der versucht wird, durch Stressreaktionen wie Flucht oder Kampf den Stressor zu beseitigen und die Stressreaktion zu beenden. Anschließend setzt die Erholungsphase ein. Wird die Erholung nicht ermöglicht, kommt es bei chronischem Stress zur Erschöpfungsphase mit hohem Risiko für die Entwicklung körperlicher und psychischer stressbedingter Erkrankungen.

Der psychische Anteil der Entspannungsreaktion wird durch Neurotransmitter wie Serotonin und Oxytocin beeinflusst. Serotonin spielt eine entscheidende Rolle für die emotionale Balance und Stabilität, die Stimmung und die innere Ausgeglichenheit. Oxytocin ist das berühmte Bindungshormon und wird im Gehirn als Neurotransmitter eingesetzt, wo es soziale Verhaltensweisen verstärkt. Es wirkt angstlösend, sedierend und geht mit Gefühlen von Vertrauen, Ruhe und Sicherheit (Geborgenheit) einher. Daher ist die therapeutische Beziehungsgestaltung eine der wichtigsten Variablen für den Therapieerfolg.

Wir können Entspannung gezielt fördern, indem wir über angenehme soziale Interaktionen wie Körperkontakt, Massage, allelomimetisches Verhalten[85] (Mitmachverhalten) und Co-Regulation die Oxytocinausschüttung des Hundes steigern.

Entspannung kann klassisch konditioniert werden (Entspannungskonditionierung). Dazu wird ein Reiz (z. B. ein unbekannter Geruch, der so in der Umgebung des Hundes nicht vorkommt) mit der Entspannungstechnik (z. B. einer Massage oder Streicheleinheit auf dem Sofa) so oft gepaart, bis der Reiz die Entspannungsreaktion auslöst, ohne dass die Entspannungstechnik angewandt wird. Präsentiert man den Reiz in einer für den Hund schwierigen Situation, kann auf diese Weise eine (leichte) Entspannungsreaktion ausgelöst werden. Präsentiert man den Reiz jedoch wiederholt in stressigen Situationen, kommt es zu einer Gegenkonditionierung und der Reiz löst stattdessen eine Stressreaktion aus. Daher muss man den konditionierten Reiz (CS, Geruch) immer wieder zwischendurch „aufladen", indem man ihn wieder mit dem unkonditionierten Reiz (US, Entspannungsmassage) zusammen präsentiert. Konkret könnte man abends, wenn

---

85 › Vgl. Feddersen-Petersen, D. U. (2004). Hundepsychologie. Kosmos sowie Feddersen-Petersen, D. U. (2008). Ausdrucksverhalten beim Hund, Mimik und Körpersprache, Kommunikation und Verständigung. Kosmos.

der Hund mit seinen Menschen entspannt auf der Couch liegt und kuschelt, Duftöl in einem Diffuser vernebeln und dann den Hund massieren oder streicheln, bis er genüsslich döst bzw. einschläft. Für schwierige Situationen gibt man das Öl dann (dezent) auf ein Halstuch, das man in einer geruchsdichten Tüte mitführen kann, um es dem Hund kurz vor der schwierigen Situation anzuziehen und eine leichte Entspannungsreaktion hervorzurufen.

Ein weiteres, bewährtes Entspannungsverfahren, das mit Hunden anwendbar ist, ist Sport. Gerade lange, gleichförmige Ausdauerbelastungen ohne Leistungsdruck erhöhen den Serotoninspiegel, regulieren den Dopaminspiegel und bauen Stresshormone ab. Aber auch Bewegungsspiele (z. B. Toben mit Artgenossen) und körperliche Beschäftigungsformen (z. B. Agility) können dieselben Effekte haben, solange sie dem Hund Spaß machen und er danach sichtlich ausgeglichener wirkt.

SKILLSTRAINING

Skills sind **Techniken zur Anspannungs-, Erregungs- und Emotionsregulation, die keine langfristigen schädlichen Konsequenzen für das Individuum oder andere haben**.

Rauchen und Atemübungen zur Entspannung ähneln sich stark. In beiden Fällen wird, mindestens fünf Minuten lang, schnell und kurz eingeatmet und dann lange ausgeatmet. Das aktiviert den Parasympathikus und sorgt für Entspannung. Dennoch ist Rauchen kein Skill, da es langfristig schädliche Nebenwirkungen hat. Selbstverletzendes Verhalten, das Beknabbern der Pfote, Ausrasten in Konflikten oder sich zurückzuziehen sind alles Strategien zur Anspannungs- und Emotionsregulation, die Hunde mit psychischen Störungen für sich entdeckt haben, die jedoch langfristig schädliche Auswirkungen haben und dadurch für den Hund und seine Umwelt zu einer Belastung werden. In der Verhaltenstherapie geht es darum, dieses Problemverhalten zu beseitigen. Gleichzeitig ist es jedoch wichtig, dem Hund eine Alternative zur Verfügung zu stellen, mit der er stattdessen Anspannungs- und Erregungszustände in den Griff bekommen und belastende Emotionen regulieren kann. Hierfür können wir uns die Skills aus der Humanpsychotherapie ausleihen.

Das Skillstraining gehört zur Dialektisch-Behavioralen Therapie (DBT), die von Marsha Linehan für die Borderline-Persönlichkeitsstörung entwickelt wurde, insbesondere zur Behandlung der mangelnden Anspannungs- und Affektregulierung und der daraus resultierenden dysfunktionalen Verhaltensweisen (Suizidalität, Selbstverletzungen, aggressives und impulsives Verhalten in Konflikten, impulsives und Hochrisikoverhalten). Inzwischen werden Skills jedoch auch bei der Behandlung anderer psychischer Störungen eingesetzt, bei denen die Betroffenen mit hohen Anspannungs- und Erregungszuständen sowie belastenden Emotionen konfrontiert sind und dysfunktionale Bewältigungsstrategien zeigen.

Anspannung kann auf einer subjektiven **Skala von 0 (niedrig) bis 100 (hoch)** dargestellt werden. Ab einer Erregung von ca. 70 verringert sich die Fähigkeit zur Selbstregulation sprunghaft, wodurch das Individuum gefährdet ist, dysfunktionales, impulsives Verhalten zu zeigen, um die subjektiv unerträgliche Anspannung möglichst schnell zu lindern. Im **Bereich zwischen 70 bis 100** kommen daher **Hochspannungsskills** zum Einsatz, die schnell und effizient die Anspannung regulieren helfen. Im **Bereich** < 70 werden zusätzlich **Skills zur Emotionsregulation** angewendet.

Einzelne Skills sind sogenannte 10%-Lösungen, d.h., eine einzelne Technik wird nicht zu drastischer Entspannung führen, sondern senkt die subjektiv wahrgenommene Anspannung meistens nur um etwa 5–10 Prozent. Daher müssen zwei bis drei dieser Techniken hintereinander durchgeführt werden, um die Anspannung unter 70 zu bringen. Zusammen mit den im Anschluss folgenden Emotionsregulationstechniken bilden sie eine **Skillskette**, die aus **ca. drei bis vier Einzeltechniken** bestehen soll (s. AB 12: Skillskette, S. 197).

Die Skills bzw. Selbstregulationstechniken können verschiedenen Zugangskanälen zugeordnet werden[86]**:**

- **SINNESBEZOGENE SKILLS** (Sehen, Hören, Fühlen, Schmecken, Riechen): Diese Skills können genutzt werden, um den Hund ins Hier-und-Jetzt zurückzuholen. Dafür eignen sich z. B. Aufgaben zur Geruchsdifferenzierung (z. B. aus der Ziel-Objekt-Suche), Berührungen oder sanfter Druck an Körperstellen, die dem Hund angenehm sind (Handauflegen mit sanftem Druck auf die Brust oder den Rippenbogen, sanftes Massieren des „dritten Auges", „Fingerlaufen" über den Rücken etc.) oder Kombinationen aus Sehen und Berühren (z. B. „Touch"-Aufgaben, bei denen ein Zielreiz mit der Pfote oder Nase berührt werden muss), interessante Gerüche und Geschmacksreize.

Intensive Sinnesreize wirken wie beim Menschen als Hochspannungsskills, müssen aber mit Vorsicht eingesetzt werden, damit sie nicht als zusätzlicher Stressor oder als Bestrafung wirken und womöglich sogar tierschutzrelevant sind. Der Umgang damit erfordert viel Erfahrung und Fingerspitzengefühl (z. B. ein lautes Geräusch wie Händeklatschen, ein saurer Geschmack wie Zitronensaft auf einem Leckerli, ein intensiver Geruch auf einem Wattepad, Eiswürfel zum Kauen). Man sollte die Wirkung zunächst außerhalb der belastenden Situation testen. Obwohl beim Menschen auch Reize wie Eiswasser oder Schmerzreize (z. B. durch Igelbälle, Gummischnippen) im Hochspannungsbereich verwendet werden, sollte man bei Hunden vom Einsatz aversiver Reize als Hochspannungsskills absehen, da sie

---

86 › Vgl. Bohus & Wolf-Arehult, 2016.

sich diese Skills nicht freiwillig selbst zusammenstellen und gerade die Freiwilligkeit in diesem Bereich einen entscheidenden Unterschied macht zwischen einer Hilfestellung und einem Übergriff.

- **KOGNITIVE SKILLS:** Alles, was den Hund von der Situation und den belastenden Reizen ablenkt und „auf andere Gedanken bringt", kann hier zum Einsatz kommen. Das kann ein Suchspiel oder Nasenarbeit sein, eine etwas komplexere Abfolge von Tricks, eine körpersprachlich kommunizierte Leinenführigkeit[87], Aufgaben aus dem (Rally-) Obedience, ein Schnüffelteppich, ein Intelligenzspielzeug, eine Apportieraufgabe, bei der ein Gegenstand unter vielen herausgesucht werden soll, oder eine andere Aufgabe, die die volle Konzentration des Hundes erfordert.
- **HANDLUNGSBEZOGENE SKILLS:** Sport und Anstrengung in jeglicher Form können hier zum Einsatz kommen, um starke Anspannung rasch abzubauen: z. B. schnelle Sprints, Sprünge und isometrische Kraftübungen (z. B. sich am Geschirr mit maximaler Kraft in die Leine hängen, ähnlich wie bei der Leinenaggression). Bei geringerer Anspannung bieten sich z. B. auch längere Läufe am Fahrrad, Balanceübungen (auf einem Baumstamm oder einem Wackelbrett) oder Zughundesport an.
- **KÖRPERBEZOGENE SKILLS:** In diese Kategorie fallen die Atemübungen. So kann der Hund, sofern er das vorher, z. B. durch körperpsychotherapeutische Übungen gelernt hat, durch ein Signal daran erinnert werden, mehr in den Bauch zu atmen und die Atmung schrittweise zu verlangsamen und zu vertiefen. Kann man den Hund, ähnlich wie bei einem Pferd, dazu bringen, dass er „durchschnauft", „seufzt" bzw. „durchatmet", ist das ein deutliches Zeichen, dass der Parasympathikus mit der Arbeit begonnen hat und der

87 › Z. B. im Stil von: El Ayachi, S. & Herrnkind, R. (2025). Leinenführigkeit. Der orientierte Hund. Kosmos.

Hund sich entspannt. Auch die Körperhaltung kann der Hund bewusst verändern. Nicht nur die psychische Verfassung beeinflusst die Körpersprache, sondern auch die Körpersprache hat einen Einfluss auf die Emotionen. Ein ängstlicher Hund kann lernen, sich auf ein Signal hin aufzurichten und sich möglichst groß und selbstbewusst (wie auf einer Ausstellung) hinzustellen.

Die Skillskette **beginnt immer mit dem stärksten**, intensivsten Skill, danach folgen abgestuft die jeweils nächstschwächeren. Das verhindert die Habituation, die eintreten würde, wenn man mit dem schwächsten Skill beginnen würde.

Damit die Skillskette in belastenden Situationen funktioniert und das dysfunktionale Verhalten zuverlässig ersetzen kann, muss sie immer wieder **geübt** werden. Dabei können sich Skills abnutzen, d. h., durch Habituation ihre Wirksamkeit verlieren. Dann müssen sie durch wirksamere Skills ersetzt werden.

Zunächst überlegt man sich gemeinsam mit den Halter:innen Techniken, die dem Hund bei der Anspannungs- und Erregungsregulation helfen könnten. Anschließend baut man die einzelnen Verhaltensweisen der Skillskette in der Therapie auf und beobachtet die Auswirkungen der Techniken auf den Hund. Wenn eine Technik sich als zu wenig wirksam erweist, ersetzt man sie durch etwas, das besser funktioniert, bis man eine komplette, wirksame Skillskette erarbeitet hat. Im letzten Schritt werden die notwendigen physischen Hilfsmittel zusammengetragen und in einer **Skillstasche** verstaut, die gut im Alltag mitgeführt werden kann. Da es in belastenden Situationen schwer sein kann, sich an die Elemente der Skillskette zu erinnern, ist es hilfreich, das Arbeitsblatt (AB 12: Skillskette) auszudrucken und mitzunehmen, damit die Halter:innen den Hund sicher und kompetent durch die einzelnen Schritte begleiten können.

Zur Anwendung der Skillskette beobachtet man in kritischen Situationen das Ausmaß der Anspannung und Erregung des Hundes und ordnet es auf der Skala von 0 bis 100 ein. Sowie die ersten **Frühwarnzeichen** für erhöhte Anspannung auftauchen, wird der Hund aufgefordert und dabei unterstützt, passende Skills anzuwenden. Dazu wählt man die passende Skillskette für die Situation aus. Es kann notwendig sein, für starke Erregungszustände (z. B. impulsive, aggressive Ausbrüche) eine andere Skillskette vorzubereiten als für Situationen, in denen der Hund „in sich zusammenfällt" und Unterstützung braucht, um z. B. aus dissoziativem oder selbstschädigendem Verhalten herauszufinden.

AB 12: SKILLSKETTE

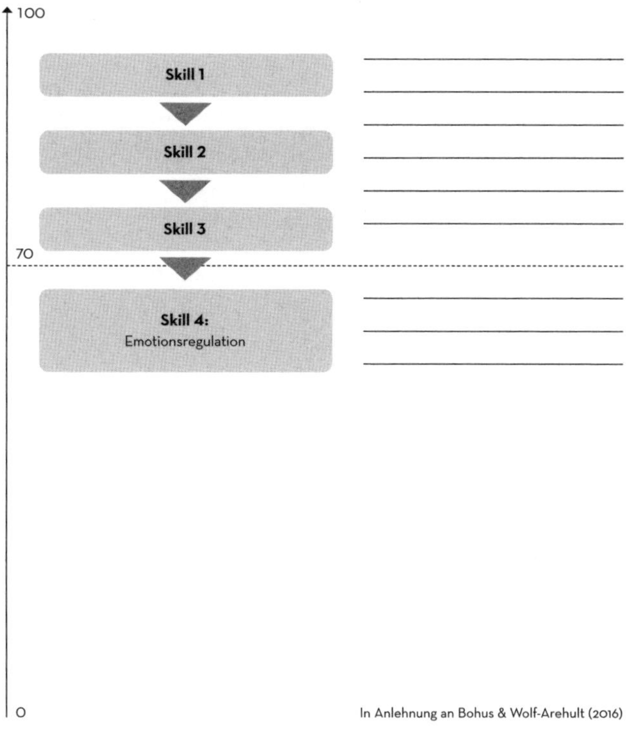

In Anlehnung an Bohus & Wolf-Arehult (2016)

KAPITEL 5

THERAPIEENDE UND RÜCKFALLPROPHYLAXE

Aufgabe der Rückfallprophylaxe ist es, den Halter:innen über das Therapieende hinaus die notwendigen Hilfestellungen zu geben, sodass sie nicht nur die Expositionsübungen selbstständig fortführen können, sondern auch auf zukünftige Risikosituationen vorbereitet sind, Gegenmaßnahmen für stressige Phasen parat haben und auf einen möglichen Rückfall in Problemverhalten vorbereitet sind.

Zum Therapieende ist es daher noch einmal sinnvoll, Risikofaktoren, Auslöser und aufrechterhaltende Bedingungen für das Problemverhalten übersichtlich zusammenzutragen und einen Alltag zu planen, in dem diese möglichst vermieden oder zumindest ausreichend bewältigt werden können, um einem Rückfall vorzubeugen. Zudem sollten die Frühwarnzeichen für eine erneute negative Entwicklung der Störung festgehalten werden, damit die Halter:innen rechtzeitig bemerken, wann sie gegensteuern und ggf. rechtzeitig erneut therapeutische Unterstützung suchen sollten (AB 13: Überblick Risikofaktoren, S. 199).

Hilfreich für die Stärkung der eigenen Kompetenzwahrnehmung ist es, wenn die Halter:innen sich bewusst machen, wie sie im Therapieprozess mit Risikosituationen und Rückschlägen umgegangen sind und welche der angewandten Strategien erfolgreich waren. In manchen Fällen (z. B. bei Suchtverhalten, selbstverletzendem Verhalten, fremdschädigendem Verhalten, Angststörungen) kann es sinnvoll sein, zum Therapieende einen schriftlichen Plan für den Umgang mit Rückfällen auszuarbeiten, der alle wichtigen Handlungsschritte auf einen Blick zusammenfasst (AB 14: Notfallplan, S. 201).

Darüber hinaus sollte auch nach Therapieende weiter an den Skillsketten sowie an der Stärkung von wichtigen Ressourcen des Hundes gearbeitet werden (Selbstwirksamkeit, stabile Beziehungen, soziale Kompetenz, Hobbies, die dem Hund Spaß machen etc.).

Zum Ende der Therapie sollte dann noch gemeinsam ein letzter Blick auf die Zielerreichungsskala geworfen werden, um den Erfolg der Therapie zu dokumentieren. Dinge, die nicht funktioniert haben, sollten offen besprochen werden. Auch Verhaltenstherapeut:innen können nur dazulernen, wenn sie offen für Feedback sind. Oft sind die Halter:innen jedoch überrascht, wie stark sich die Symptome verbessert haben und welchen großen Anteil sie selbst an dem Prozess hatten.

ARBEITSBLATT 13: ÜBERBLICK RISIKOFAKTOREN

Um eventuelle negative Entwicklungen in Zukunft schneller vorhersehen und angemessen reagieren zu können, tragen Sie hier bitte alle Faktoren zusammen, die an der Entstehung und Aufrechterhaltung des Problemverhaltens beteiligt waren und zukünftig im Auge behalten werden sollten.

Welche Risikofaktoren und Auslöser für Problemverhalten habe ich in der Therapie identifiziert? Worauf kann ich zukünftig achten?

....

....

....

....

Welche Konsequenzen des Problemverhaltens haben dazu beigetragen, dass es aufrechterhalten werden konnte? *(Nehmen Sie ggf. das SORKC-Schema zu Hilfe, AB 7)*

....

....

....

....

Welcher Umgang mit dem Problemverhalten hat sich in der Therapie bewährt?

....

....

....

....

An welchen Frühwarnzeichen kann ich zukünftig eine negative Entwicklung erkennen? *Beschreiben Sie die frühen Anzeichen möglichst konkret, sodass Sie sie später leicht bemerken.*

Anspannung und Erregung:

....

Emotionen und Stimmung:

....

Verhalten:

....

....

....

ARBEITSBLATT 14: NOTFALLPLAN

Bei vielen psychischen Störungen ist es normal, dass es auch nach Abschluss der Behandlung zu Rückfällen, Problemverhalten oder zu einem erneuten Auftreten der Störung kommen kann. Dieses Arbeitsblatt hilft Ihnen, sich darauf vorzubereiten, damit Sie im Notfall alle Werkzeuge zur Hand haben, um das Problem erneut anzugehen.

Woran erkenne ich, dass mein Hund einen Rückfall hat?

Problemverhalten:

....

....

Andere Symptome:

....

....

Wie kann ich das Problemverhalten sofort effektiv managen, sodass keine Gefahr für meinen Hund oder Dritte besteht? Wer kann mich dabei unterstützen?

....

....

....

....

....

....

Welche Strategien haben sich während der Therapie im Umgang mit dem Problemverhalten bewährt bzw. eine Verbesserung bewirkt, die ich ggf. erneut umsetzen könnte?

Reaktionen auf das Problemverhalten (Löschung, Alternativverhalten, Entspannungstraining, Verstärkerpläne, Skills etc.):

....

....

....

....

....

....

Woran werde ich erkennen, dass es Zeit ist, sich wieder therapeutische Unterstützung zu suchen?

....

....

....

....

SERVICE

ZUM WEITERLESEN

Feddersen-Petersen, Dorit U.: **Ausdrucksverhalten beim Hund**. Mimik, Körpersprache, Kommunikation und Verständigung. Stuttgart: Kosmos Verlag, 2008.

Feddersen-Petersen, Dorit U.: **Hundepsychologie**. Sozialverhalten und Wesen, Emotionen und Individualität. Stuttgart: Kosmos Verlag, 2004.

Gamber, Paul: **Systemische Therapie für Dummies**. 2. überarbeitete Auflage. Weinheim: Wiley-VCH, 2018.

Margraf, Jürgen (Hrsg.), Schneider, Silvia (Hrsg.): **Lehrbuch der Verhaltenstherapie**. Band 1: Grundlagen, Diagnostik, Verfahren, Rahmenbedingungen. Springer, Berlin/Heidelberg, 4. Auflage, 2018.

Miller, William R.; Rollnick, Stephen: **Motivierende Gesprächsführung**. Motivational Interviewing. Freiburg im Breisgau: Lambertus-Verlag, 4. Auflage 2025.

Rogers, Carl R.: **Entwicklung der Persönlichkeit**. Psychotherapie aus der Sicht eines Therapeuten. Stuttgart: Klett-Cotta Verlag, 24. Auflage 2018.

Schulz von Thun, Friedemann: **Miteinander reden 1–4**. Reinbek: Rowohlt Taschenbuch Verlag, Sonderausgabe 2014.

DER AUTOR

Robert Mehl ist Diplom-Psychologe und Kriminologe (M.A.). Seit 2016 ist er freiberuflich als Referent zu den neurobiologischen Grundlagen von Erleben und Verhalten bei Hunden und als Autor sowie Coach und Systemischer Berater tätig. Aktuell ist er zudem in Ausbildung zum Psychologischen Psychotherapeuten (Schwerpunkt Verhaltenstherapie).

Robert studierte in Magdeburg, Tucson (Arizona, USA) und Hamburg und war anschließend Mitarbeiter an der Universität Magdeburg im Fachbereich Neuropsychologie mit dem Forschungsschwerpunkt „Neurobiologische Grundlagen von Aggression".

Mit therapeutischen Zusatzausbildungen als „Systemischer Berater und Familientherapeut" (DGSF) und für den „Professionellen Einsatz von Hunden in der Therapie" (dogument) arbeitete er als Psychologe und Systemischer Therapeut mit seiner Therapiehündin in der sozialtherapeutischen Abteilung einer Jugendanstalt mit jungen Straftätern und leitete zudem den Kriminologischen Dienst des Landes Sachsen-Anhalt.

Zuletzt arbeitete er im Rahmen des 1,5 jährige Klinikpraktikums für die Ausbildung zum Psychotherapeuten an der Universitätsklinik für Psychiatrie, Psychotherapie und Psychosomatik der Universitätsmedizin Halle (Saale) mit Patient:innen mit Traumafolgestörungen und Persönlichkeitsstörungen.

Robert Mehl lebt mit seinem Mann John Mehl, Kinder- und Jugendlichenpsychotherapeut, und ihren drei Hunden Dr. No, „Albus" Dumbledore vom Palais Brinn und „Sparrow" Jack Mack's kho maidemilis in Zöschen bei Halle (Saale).

REGISTER

Register der Arbeitsblätter

BILDNACHWEIS

Mit einem Schwarzweißfoto von Robert Mehl/privat (1: S. 205)
Mit 8 Illustrationen von Atelier Krohmer, die nach Vorlagen des Autors angefertigt wurden.

IMPRESSUM

Umschlaggestaltung von Büro Jorge Schmidt für KommunikationsDesign unter Verwendung eines Farbfotos von Trio Bildarchiv/Ria Putzker.
Das Foto zeigt einen Tschechoslowakischen Wolfshund.

Mit 8 Zeichnungen und einem Schwarzweißfoto.

ISBN 978-3-440-17520-0
Redaktion: Alice Rieger
Gestaltungskonzept: Mathis Weymann, Populaergrafik, Stuttgart
Gestaltung und Satz: Doppelpunkt, Stuttgart
Produktion: Angela List
Druck und Bindung: Friedrich Pustet GmbH & Co. KG, Regensburg
Printed in Germany / Imprimé en Allemagne